应对地球变暖、创造海域环境的新技术

海 洋 之 空

（The UTSURO）

［日］赤井一昭　　著

冯　樱　冯金亭　译

王浩民　　校

黄 河 水 利 出 版 社

·郑州·

图书在版编目(CIP)数据

海洋之空/(日)赤井一昭著;冯樱,冯金亭译.—郑州:
黄河水利出版社,2009.12
ISBN 978 - 7 - 80734 - 759 - 0

Ⅰ.①海⋯　Ⅱ.①赤⋯ ②冯⋯ ③冯⋯　Ⅲ.①河口 -
堤防 - 研究　Ⅳ.①TV856

中国版本图书馆 CIP 数据核字(2009)第 223608 号

出　版　社:黄河水利出版社
　　　　　地址:河南省郑州市顺河路黄委会综合楼14层　　邮政编码:450003
发行单位:黄河水利出版社
　　　　　发行部电话:0371 - 66026940、66020550、66028024、66022620(传真)
　　　　　E-mail:hhslcbs@ 126. com
承印单位:河南省瑞光印务股份有限公司
开本:787 mm × 1 092 mm　1/16
印张:9.5
字数:140 千字　　　　　　　　　　　印数:1—1 000
版次:2009 年 12 月第 1 版　　　　　　印次:2009 年 12 月第 1 次印刷

定价:48.00 元

译　序

赤井先生早年毕业于日本大阪工业大学土木工程专业,先后在大阪工业大学、建设省高速公路局、大阪府土木工程部、规划部、企业局、环保部工作。曾担任大阪深日港湾所所长、大阪产业废弃物处理公社参事、大阪工业大学评议员。1995年受聘兼任上海海岸带资源开发研究中心主任工程师。

赤井先生长期从事土木工程、港湾技术及废弃物处理工作,长年与海洋、工程建设、废弃物等打交道,非常关注海洋环境及能源利用等方面的问题。他潜心观察,20世纪80年代初已经着手研究开发利用自然力量保护海域环境的技术,1981年提出了自己的发明——"海洋之空"技术,此项技术1997年获得日本科学技术长官奖。

所谓"海洋之空",简言之,就是在有潮位变化的水域,用堆石之类的堤坝围拢起来的空间。伴随着自然潮位的涨落变化,水在其中流进流出,于是海洋、河口的水质得到净化,生态环境受到保护,河口、航路得到维护,又得以淤积造地等,给各个方面都带来了良好而有效的结果。

此项技术有效利用自然的能量(潮汐、波浪、地球引力、太阳光、生态的生命力等),不需要耗用能源,不需要运行成本,不产生环境负荷,可以说是减少温室效应、气体效应效果最好的低碳技术。

从1981年至今的1/4世纪里,赤井先生始终如一地对此项技术进行范围广泛的实验验证、理论研究及国内外的宣传推广,还申请到多项国内外的相关专利。为了此项技术的建立,他的那种热情和执着精神实在是令人感动。

21世纪是构筑以环境保护为中心、与自然共生存的文明的世纪。为此，必须在各领域中研究开发能巧妙利用自然力量和自然法则、与自然共生存的技术。"海洋之空"技术正是这样一项出色的技术，是一项处在文明转换期所必需的新技术，虽然目前尚未被普遍认识和采用，可望今后会有广阔的发展前景。

译　者

2009 年 6 月 19 日

写在《海洋之空》出版之际

"海洋之空"技术是赤井一昭先生长年研究开发的成果,于1981年发明,1997年获得科学技术长官奖。此次出版实乃新的集环境创造技术之大成。

有效利用自然的能量(潮汐、波浪、地球引力、太阳光、生态的生命力等),净化广大水域的水,激活生态环境,创造平稳的净化水域,有时利用自然的能量使其产生出激烈的潮流,用以冲刷运河,创造港口,疏浚航路、河口,治理河流,沉积泥沙、创造土地或滩涂,此即"海洋之空"技术。

这项技术不需要运行成本,完全利用自然的能量,可以说是减少温室效应、气体效应效果最好的低碳技术。

具体地说,可以应用于红潮、污泥、油、垃圾、净化水路、污浊河流净化、污水处理、沿岸地区水质净化、海洋养殖场、海啸防御等各种领域。

利用封闭水域建立高度净化系统、利用平稳净化水域建立的浮体结构物,作为地震对策等可望付诸应用。

另外,还可以应用于河口、航路的维护疏浚、河流治理,利用广大的填海造地和落潮沙滩,解决空港用地等造地造滩技术领域。

今年7月,洞爷湖的国际峰会召开,环境污染和地球升温正在成为重大的课题。作为国际上亦在期待的下个世纪的技术,它将发挥很大的作用。

原日本土木学会会长

竹内良夫

2008年6月

写在《海洋之空》付梓之际

现代文明是靠短期内大量消耗地球在漫长岁月里蕴藏下来的资源获得的能源和物资支撑的消费型文明,其结果是,我们的生活变得丰裕而方便,但是,对地球环境却带来了很大的影响,引起地球变暖和生态系统恶化等重大问题,以致人类社会的生存也陷入了危险的境地。这是循环型自然和消费型现代文明的矛盾的必然结果。如果不把现代文明转换为与自然和谐相处的文明的话,则人类将不再有明天。21世纪是构筑以环境保护为中心、与自然共生存的文明的世纪。为此,必须在各领域中研究开发能巧妙利用自然力量和自然法则可与自然共生存的技术。赤井一昭先生较早地发现了这个问题,于20世纪80年代初已经着手研究开发利用自然力量保护海域环境的技术,并亲自把它命名为"海洋(水域)之空"。此后,直到今天,他始终如一地进行了很多实验验证和理论研究,致力于此项技术的建立,他的那种热情实在是令人折服。

"海洋之空"技术是巧妙地利用自然力量的一项出色的技术,正是一项处在文明转换期所必需的新技术,可望今后会有更大的发展。

所谓"海洋之空"是在有潮位变化的水域,用堆石之类有透水性的堤坝围拢起来的空间。虽然只是普通空间,然而伴随着自然潮位的变化,由于水在其中流进流出,使海洋、河口的水质得到净化,生态系统受到保护,河口、航路得以维护,又得到淤积造地等,给各个方面都带来了好的结果。赤井先生从什么都没有的普通空间,利用自然的作用创造有价值的功能着眼,用源于中国的"空"的思想(空即"无",是生出万物的根源),把它命名为"空",足见其对这项技术的深沉期待。

原理很简单。潮位上涨期水从堤体的空隙流入"空"中,造成平稳水域,潮位下降时水从中流出。通过空隙的水在从"空"中流进流出的过程中，由于日光和风浪等自然力，水质进一步得到净化，生态系统也得以恢复。另外，如果把"空"设置在河流的感潮带，那么流进"空"中的水量，通过河口部流出时使河流的流量增加，冲刷河床，有效地维持航道。在这种情况下，如果"空"不是相当大，则效果不是太好。在黄河和长江等泥沙浓度高的地方，高浓度的水进入"空"中，在静稳的"空"中泥沙沉积、低浓度的水流出去。其结果是以极快的速度填造土地。

关于这项技术，到现在为止，水质净化、生态系统保护、治理水害、发展水利、航路维持等各种设想都在考虑设计中，对上述各项的种种验证实验和现场实验，亦在同中国的技术交流中进行，对其有效性正在进行确认。

由于该项技术利用的是自然能源，所以不花费能源成本，不产生环境负荷，不需要维护管理。尽管有这些诸多的优点，但似乎还不太被采用。不过，我认为这项技术更适用于海洋和河口地区的环境保护。

现在，关于"海洋之空"，以赤井先生为中心，对于其功能和适用方法的现场实验、基础实验、理论研究，进行了很多，此次听说要出版总结上述研究试验的书，借此机会，希望该项技术能被社会广泛地认识、被各界同仁所采用，以此作为出版寄语。

日本京都大学名誉教授

芦田和男

2008 年 7 月

赤井一昭先生 正之

海洋の空

陳吉余 書 一九八七年

前　言

现在,地球变暖等环境问题和能源、防灾问题等已成为全球性的重大社会问题,人们正在期盼着能够解决这些问题的有效对策。

著者在 1981 年(昭和 56 年)发明了以利用自然能源创造平稳净化水域的"海洋之空"技术,就"构筑低碳社会"提出了自己的建议。

本书以最近在和歌山大学演讲的内容为中心,进行了汇总,成了现在的模样。

这项技术有效地利用了月球、太阳、台风和潮汐以及海啸、生态的生命力等自然能源,防御在海上发生的波浪、风暴潮、海啸、红潮,油污染及河水污浊、下水道排污等造成的海洋污染、河口阻塞等悬沙、飞沫,乃至海洋外敌等海洋上发生的全部的"害",有效地利用这些能源,激活生态循环,创造平稳净化水域,是一项创造和开发海域环境的技术。根据此项技术开发的"利用海洋之空的潮流发生装置治理河流和发展水利的系统"取得了国际专利。

另外,先前发明的"利用水域之空造成的阳光透照通路改善水底部和深层环境的方法"亦属环境创造技术,同样是无需运行成本的大面积水域和底部的净化技术。

还可以利用这些技术进行河口和航路的维持疏浚、创造港口、治理河流、输送泥沙、沉积泥水中的沙粒,造滩造地。同时还可以用来处理污泥,开发日本沿海的渔业,保护海域环境。

此次成书,汇总了上述基本技术的概要。

"海洋之空"的概念

　　在有潮位变化的潮间带，用堤坝结构围成一个水域，我们把这个水域称之为"海洋之空"。

　　"空"本来源于中国的思想，"空"即"无"，"无"可生"有"，是产生万物的根源。

　　超越、拥抱一切对立，融万物为一体，作为"漠"，是"有"或"无"的存在。

　　因为空，故能容入物，鞴的里面是空的，故只要一鼓动，总能吹出风来。

　　只有空，才能从"无"到"有"。

　　也就是说，"海洋之空"有效利用波浪、潮汐等自然能量，将"害"（波浪、风暴潮、海啸、红潮、油污、河川污浊、下水排水等海洋污染、河口阻塞等悬沙、飞沫、海洋之外敌）化为"无"，在生态循环中创造出平稳的净化水域，亦即生出"有"。

　　这是创造和开发海洋环境的基本技术。

目　录

1 总则

1-1 "海洋之空"的定义

所谓"海洋(水域)之空"就是用堤坝结构把有水位变化的水域围拢封闭起来,被围拢封闭起来的水域总称为"海洋之空"。

1-2 "海洋之空"的概要

这样的"海洋之空"把海洋中发生的所有的"害"化为"无",尔后从"无"生出"有"。

也就是说,防御海洋中发生的所有的害(暴风雨、海啸、高潮、红潮和蓝潮、油污染和河川污浊、下水道排水等海洋污染,河口堵塞等浮沙、飞沫、海洋的外敌),有效利用这些能源净化水质,激活生态循环作用,创造平稳、净化水域,作为巨型的免震结构物,可用做机场、发电站、公园和度假休闲娱乐基地。另外,还可用做受损自然环境的修复替代设施和海洋养殖场,净化下水和污泥。

另外,有时候通过水路打开"海洋之空",泻放里面的水,可以产生激烈的潮流,冲刷河床、疏浚航道;治理河流,建造港口,运送大量的泥土,造滩造地。

这是关于创造和保护海洋环境的基本技术。

1-3 "海洋之空"的形状图

作为"海洋之空"的构造形状,有如图 1-3-1 所示的封闭型和图 1-3-2 所示的开放型。

(1)封闭型(海洋之空)

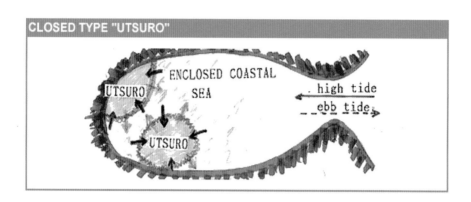

图 1-3-1 封闭型(海洋之空)

(2)开放型(海洋之空)

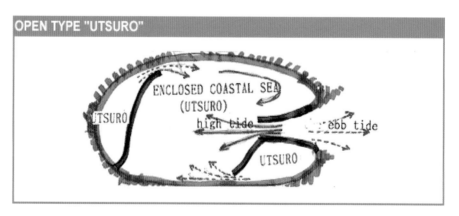

图 1-3-2 开放型(海洋之空)

2 "海洋之空"的功能

（1）用堤体构造物围拢封闭起来的"海洋之空"，具有多空隙碎浪结构的堤体称之为"净化堤"，由于它构成了封闭的"海洋之空"，依靠潮汐和波浪、自然的重力、太阳光、生态的生命力等自然能源，水得到自然净化，变得干净了，故有着"水质净化功能"。

（2）由净化堤围拢封闭起来的水域有"油的净化功能"。

（3）如果水变清、太阳光照到海底的话，激活光合作用，海底的淤泥得到净化，故具有对"海底淤泥的净化功能"。

（4）在水变清、激活光合作用的同时，构成"海洋之空"堤体净化堤的波浪曝气，使溶解氧变得丰富，激活"生态循环功能"。

（5）一旦生态循环被激活，在食物链的作用下，水质得到净化，污泥随之也自然地得到处理，所以也有"净化污泥的处理功能"。

（6）另外，用堤坝结构围拢封闭起来的水域，波浪和水流不能直接进入，所以形成具有"平稳化功能"的水域。

（7）如果构成"海洋之空"的堤坝是具有多空隙的净化堤，那么由于潮汐的作用，外海的悬浊物（泥沙）被收入"空"中，在沉降净化的同时，泥沙自然沉积，所以有"造地和造滩涂的功能"。

（8）用堤坝结构围拢封闭起来的水域，能防御波浪、海啸、鲨鱼、鱼雷、潜水艇，能防御垃圾和大型油船爆炸起火时的漂着物等的流入，有防灾和防御功能。

（9）在"海洋之空"的平稳净化水域，设置浮体结构物，可作为免震结构物，故有着"防御地震的功能"。

（10）通过水路打开"海洋之空"，每当潮汐发生的时候，水路中会产生激烈的潮流。这就是"海洋之空"的潮流发生功能。

像上述那样，使之产生激烈的潮流，依靠推移力，使河床和航路得到冲刷、疏浚。再者，被冲刷起来的大量泥沙，作为泥水被运送。这就是"泥沙的输送功能"。被输送至下游的泥水，由于下游设置了"海洋之空"，通过上述（1）和（7）的作用，发生沉降净化，由此造滩造地。

2-1 "海洋之空"的水质净化功能

特别在论及水质净化的时候,由于是用多空隙的碎波堤(以下称之为净化堤)围拢封闭起来的,所以这些水域系统地摄取了自然的能源(风和波浪、太阳的光、月球和地球的引力、生态的生命力等),有着净化大面积水域水质的水质净化功能。

具体地说,水质净化系统有以下几个方面:①主要是由于月球的引力发生的潮汐在砾石间产生接触氧化;②由于风发生波浪,波浪产生波浪曝气;③由于地球的引力产生沉淀净化;④由于太阳光产生的光合作用;⑤生态中生命力的生态循环产生的水质净化作用。

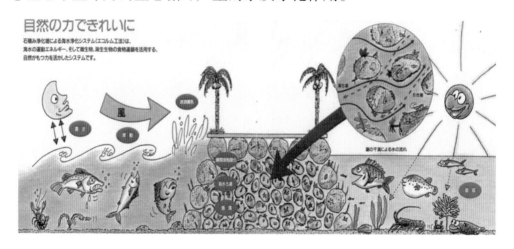

画 2-1 "海洋之空"的水质净化机理(大林组提供)

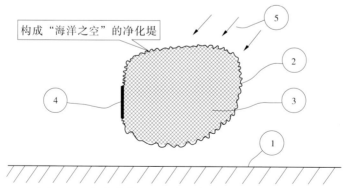

图 2-1 由净化堤围拢封闭起来的"海洋之空"

净化堤

水透过净化堤,根据上一页中说明的净化功能,水质变得干净了。

照片 2-1　净化堤

大阪湾南部的樽井当地的"海洋之空"的水质净化测量结果,如表 2-1 所示,仅靠自然的能源,COD 约减少 75%,SS 约减少 90%,溶解氧达到 2 倍。

表 2-1　"海洋之空"内外的水质测定结果、涨潮时(退潮时)

项　目	空外(退潮)	空内(退潮)	比较(退潮)
COD(mg/L)	7.9(9.7)	2.0(2.1)	减少75%(减少78%)
SS(mg/L)	43(110)	5.0(4.0)	减少88%(减少96%)
溶解氧(mg/L)	(3.2)	(7.0)	(2倍)

2-1-1 潮汐(月球引力)引起的砾石间的接触氧化

水有一种性质,当它与物体接触的话,物体表面会产生一层生物膜,生物摄取水中的营养物,水由此变得干净了。我们把这样的水质净化方法叫做"生物膜法",也叫"接触氧化法"。这是水质净化的基本方法之一,水质的净化与物体的表面积成比例。在自然界,砾石的表面积很大,利用砾石产生的生物膜法叫做"砾石间接触氧化法"。

把这样具有多空隙的堤体(砾石间接触氧化堤)称为"净化堤",水透过这样的"净化堤",就变得干净了。

如前所述,在有潮位变化的水域,把用堤体结构围拢封闭起来的水域叫做"海洋之空",由于被围拢封闭,"海洋之空"内外的潮汐产生相位差,这就有可能利用潮汐的能量。

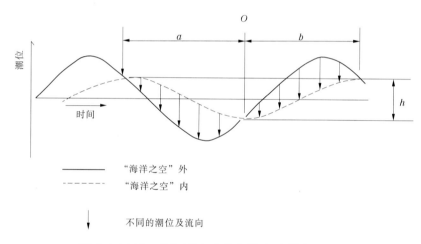

图 2-1-1(1) "海洋之空"内外潮汐的相位差

也就是说,在有潮位变化的水域,如果用净化堤构成"海洋之空"的话,那么被围拢封闭起来的"海洋之空"内也产生潮汐变化。

在"海洋之空"内产生水位变化的水,全部是透过了净化堤的水,透过净化堤的水全都变得干净了。

由于潮汐作用透过净化堤被净化的水量,是"海洋之空"的面积乘以"海洋之空"内的潮汐差而得到的积,通过扩大"海洋之空"的面积,则有莫大的水量得到净化。

如前所述,用具有多空隙的净化堤把有潮汐变化的水域围拢封闭起来,用这种方法可以利用潮汐的能量进行水质净化,这是"海洋之空"这项发明的基本内容。(于 1981 年发明)

潮汐净化的水量

1 次潮汐净化的水量为 Q_1

$$Q_1 = A \cdot h$$

A 为"海洋之空"内的面积

h 为"海洋之空"内的水位差

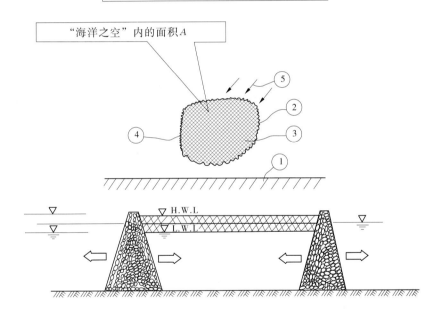

图 2-1-1(2) "海洋之空"的潮汐净化模式图

潮汐 1 日 2 次,水量要 2 倍,透过净化堤的水量,流入流出合起来的话,1 日 4 次透过净化堤被净化。

莫大的水量全部透过净化堤,被自然净化。

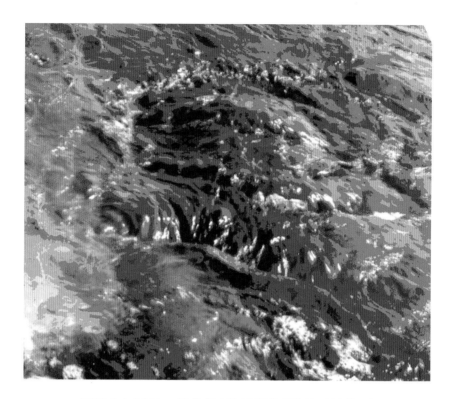

照片 2-1-1(1)　净化堤(接触氧化堤)的透过状况

照片 2-1-1(2)　净化堤砾石间的状况

2-1-2 波浪(风)的波浪曝气作用

构成"海洋之空"的多空隙碎波堤使波浪破碎,产生波浪曝气,吸收进空气中的氧,促进水的活性。

本来,如果水域的波浪水深变浅,达不到浪高的 1.8 倍的话,则无法维持作为波浪的形体,波浪自然破碎(白浪化),放出波浪具有的能量。这个时候,卷进大量的空气,使水中的溶解氧增加。这样的现象被称为波浪曝气。

缓坡倾斜堤坝是具有碎波浪功能的堤体,由于它是用堆石和块体等多空隙结构构成的堤体,故具有碎波浪功能和接触氧化功能,是净化功能更高的净化堤。

由于台风等在海上发生暴风雨时,这种效果更明显。

照片 2-1-2 波浪曝气

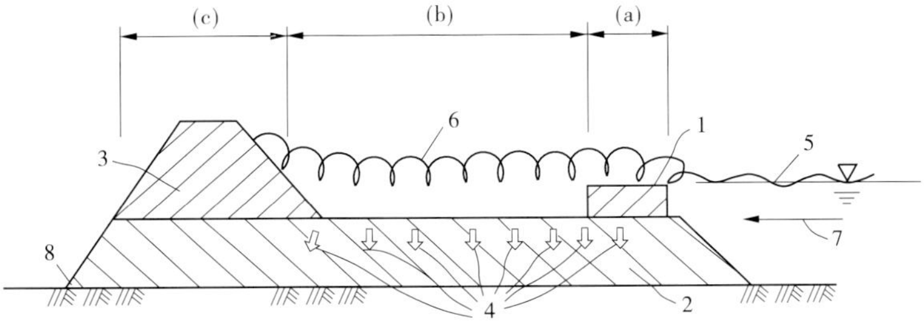

图 2-1-2 曝气型净化堤

2-1-3　重力(地球引力)引起的沉淀净化

"海洋之空"内,是用堤体结构围拢起来的没有波浪和潮流的平稳的水域,水中的微小粒子发生沉淀净化。(对于下水道污水而言,是个巨大的沉淀池)

照片 2-1-3(1)　长江河口的"水域之空"

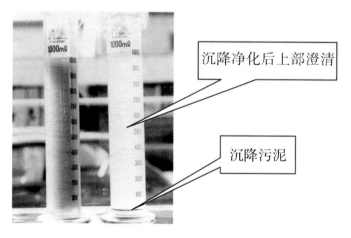

沉降净化后上部澄清

沉降污泥

照片 2-1-3(2)　长江河口的泥水沉降试验

2-1-4 光(太阳)的水质净化作用

光通过光合作用能够促进靠无机营养负荷的生物的生成,同时由于碳酸同化作用而放出大量的氧。

"海洋之空"的净化堤不直接净化 COD 和 BOD、氮和磷等,不过,其中所含的 SS(植物性浮游生物、动物性浮游生物)、大肠菌等却得到了很好的净化。水中的氮、磷一旦被太阳光照射,就会有藻类发生,再次透过净化堤的时候,被净化堤吸着。

这种机理如果用图表示,则如以下所示。

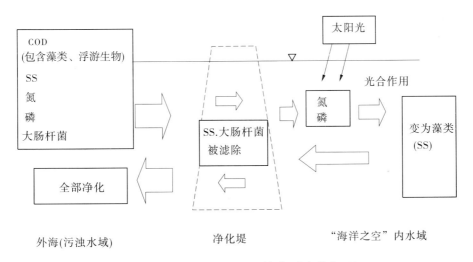

图 2-1-4(1)   光(太阳)的水质净化机理

由于构成了"海洋之空",水变得清澈,光能够直接到达海底,这样一来,藻类自然发生,碳酸同化作用在进行,因此构成富氧水域,生态循环被激活。

同时,作为氧化池的有机物(海底的淤泥)的有氧分解也在进行。

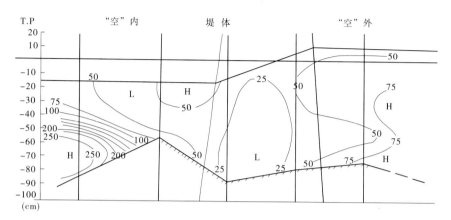

白天 Do的调查结果

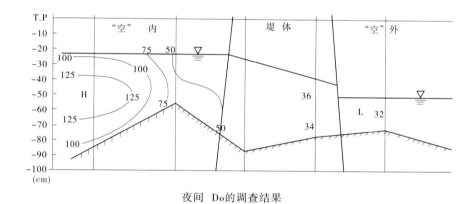

夜间 Do的调查结果

图 2-1-4（2） "海洋之空"的溶解氧分布

2–1–5 生命力(生态)的水质净化作用

生物体为了维持生命,要摄入大量的食物。

营养物被生物吃进去之后,要被转化、积蓄。

活的生物吃东西,活的生物吃活的生物。在这个过程中,不会发生水质污浊。

物质腐败成为污浊的原因,不过,被吃进生物体内的物质,经过消化分解,营养物被转化、积蓄。在这个过程中,不产生公害,不发生水质污浊,而且其分解速度也极快。

植物和藻类吸收被分解出来的食物渣滓,进而在太阳的光合作用下成长,制造氧气,支撑生物体。这种作用被称为生态循环作用,也是生态循环作用(生命力)产生的水质净化。

如果把这样的生态循环功能用图来表示的话,则如图2-1-5所示。

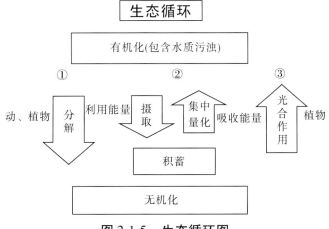

图 2-1-5　生态循环图

摘要	作用	现象
① 腐败分解	伴随有水质污浊	花费时间
② 生物的多样性	吃、食物链	可以短期内处理
③ 光合作用	水清澈透光	

我们对生态循环功能的期待,是②、③这两种功能。

要想把这种自然现象在水质净化中发挥作用，就是通过生命力（生态）进行水质净化。

在 2-1-1 中记述的利用潮汐的接触氧化作用，也是通过生命力（生态）进行的水质净化之一。

如上所述，利用"海洋之空"的水质净化，就是一个利用自然能源和生态循环作用净化水的系统。

因此，与以前的用化学方法进行水处理不同，无论净化多么大量的水也不会产生废弃物或二次公害，而且也不需要运行成本。

利用生态进行废弃物处理的试验

把家庭的剩饭（垃圾）约 20 kg 撒布到水田里，田螺聚集过来，3 天时间几乎就没有了，到第 7 天时形迹全无。

田螺的排便时间是 1~3 天，此后就被分解，成为稻田的肥料。

一般来说，家庭的剩饭（垃圾）要使之腐败成为堆肥的话，需要 1 个月左右的时间，不过，要是让田螺吃的话，1 周左右即可成为稻田的肥料。

利用生态进行废弃物处理的优点：①能大量处理；②处理快、分解快；③处理过程中没有腐烂。

2-1-6 "海洋之空"的水质净化能力

"海洋之空"净化水质这项技术,是利用自然能源和生态循环,净化巨量的水和污泥的系统,与以前的化学方法处理水不同,"海洋之空"培育生物,生物吃食物,由生物进行消化、分解。这是生态循环系统,在这个过程中,也没有使用新奇的机器和药品,不产生污浊和公害。

同时,处理速度也快。

无论净化多么大量的污水也不需要运行成本,也不会产生废弃物和二次公害。

<水质>

透过净化堤前后的水质的测量值如下表。表2-1-6(1)是海水的例子,表2-1-6(2)是淡水的例子。

假如透过净化堤的去除率为50%,如果1日4次透过净化堤的话,按(1-去除率)^{4}计算,90%以上的水质可望得到改善。

表2-1-6(1) 透过净化堤前后的水质净化测量值(海水)

项目	空外 (透过前)	空内 (透过后)	去除率
pH	7.8	7.2	
盐分浓度(%)	3.0	3.0	
COD(mg/L)	2.0	1.1	45%
SS(mg/L)	4.2	<1.0	76%以下
浊度(度)	5.0	1.0	80%

表2-1-6(2) 透过净化堤前后的水质净化测量值(淡水)

项目	主流	透过水	去除率
SS(mg/L)	4.9	0.2	96%
BOD(mg/L)	4.4	1.0以下	很高
浊度(度)	3.0	1.0以下	很高

<水质净化量>

例如:有一边长仅为 7 km 的四方形海域,日本的人口按 1 亿 2 千万计算,如果让每天排放的污水量(约 4 800 万 t/d)4 次(约 2 亿 t)透过净化堤的话,将有 2 倍(9 800 万 t/d)的污水得到净化,而且不需要运行成本。

如果在潮汐差为 1 m 的海域,构成一个边长为 7 km 的四方形(49 000 000 m²)的"海洋之空",满潮时"海洋之空"内的水位也达到满潮。此时,透过净化堤流入"海洋之空"内的水量 4 900 万 t(7 000 m × 7 000 m×1 m)的水被净化。

一天有两次潮汐,两倍的水量 9 800 万 t 得到净化,水流入流出各两次共计 4 次透过净化堤,于是每天约 2 亿 t 的水透过净化堤得到净化。

综上所述,无论水质,也无论水量,不用运行成本就可以简单地净化巨量的水,没有净化污泥和 2 次公害,这是净化能力高且具有划时代意义的水质改善方法。

2 – 1 – (a)　净化(防波)堤

净化堤是构成"海洋之空"的堤体,在水质净化时它是最基本的东西。

砾石间的接触氧化是促进自然净化的生物膜法的其中之一。为了促进砾石间的接触氧化,堤体应该是由抛石和块石组成的:①具有多空隙的堤体,是能促进曝气的;②诱发波浪曝气的堤体结构。

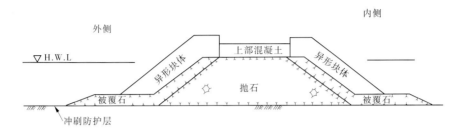

图 2-1-(a1)　标准的抛石堤

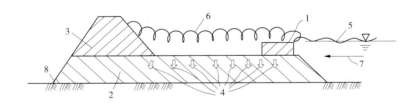

图 2-1-(a2)　曝气型净化堤

2-1-(b) 净化堤的设计

1)设计的基本方针

（1）明确目的

在进行"海洋之空"设计时,要明确设计欲达到的目的（有什么困难、想改善什么、需要改善吗?）。

（2）现场调查

地形、地质、水深、污浊的状况（水质,水量）、浪高、水位变化（潮汐差）、季节性的水温、生态(生长的动植物)等。

（3）设计所必要的数据的确定

①设计潮汐差、设计波高。

②水质改善的目标值（净化堤断面,"海洋之空"的形式）。

③净化水量（海洋之空的规模）。

2)净化堤的设计程序

净化堤的设计流程图如图 2-1-(b1)所示。

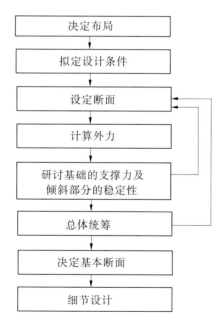

图 2-1-(b1) 净化堤的设计流程图

（1）"海洋之空"的设置

设置时应根据需要，研究以下事项：

①自然条件。

②"海洋之空"的平稳度。

③"海洋之空"内的水质。

④建设费及维持费。

在建设"海洋之空"的时候，必须考虑自然条件和施工条件，对其经济性进行讨论。特别是对以下事项，必须予以充分考虑。

⑤"海洋之空"应尽量建成能促使其发挥功能的形状。

⑥根据现场情况，应选择容易施工的工程方法。

（2）对周边的影响

生态和水质、波浪和海流等。

（3）结构样式

根据水质改善的目标、"海洋之空"的利用和地域周边的利用等目的进行比较选择。

（4）设计方法

考虑波浪、水质改善等目标。

（5）施工方法

考虑"海洋之空"的规模、水深、潮流、波浪等。

（6）工程费用

根据滤材（石块、混凝土块）运输、水深、潮流、波浪等来决定。

3）基本断面的设计

（1）普通防波堤

①堤顶高度在设计高潮面 H.H.W.L 之上，是设计波浪的有效波高的 1.0～1.5 倍以上。

②堤上部的厚度，在波高 2 m 以上的情况下，厚度标准定在 1 m 以上；在波高 2 m 以下的情况下，厚度标准最小也应在 50 cm 以上。

③顶部高度，在地盘软弱、预料有沉降发生时，应预先设置富余量，加高顶部或者设计成容易加高顶部的结构。

④顶部宽度，在采用不规则块体时，应如图 2-1-（b2）所示，并排排列 3 个以上。

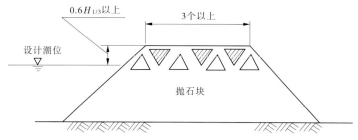

图中的个数是顶部最上层的个数，指的是图中划斜线的部分。

图 2-1-(b2)　倾斜堤的顶部宽度

（2）净化（防波）堤

如果是为了提高砾石间接触氧化产生的净化能力，顶部的宽度有 5 m 左右就行了。

4）倾斜堤的被覆石及块体的需要量

倾斜结构物表面要承受波浪力，覆盖它的抛石及混凝土块的需要量，其重量按式（2.1）计算。

$$W = \frac{\gamma_r H^3}{K_D (S_r - 1)^3 \cot\alpha} \tag{2.1}$$

式中　W 为抛石或混凝土块的最小重量，t；

γ_r 为石头或块体在空气中的容重，t/m^3；

S_r 为石头或块体相对于海水的相对密度；

α 为斜面与水平面形成的角度，（°）；

H 为设计计算用的波高，m；

K_D 为由被覆材料及受害率决定的系数。

但是，对于离静水面 $1.5H$ 以下深度部分的被覆石，可以采用比式（2.1）小的值。

用做设计计算用的波高 H，以结构物设置水深下的有效波高 $H_{1/3}$ 作为标准。

以波高的 1.5 倍的水面下为界，上面的 K_D 值取以下的值。

抛石：$K_D = 3.2$　　四脚砌块：$K_D = 8.3$

而波高 1.5 倍以下的堤体被覆材料的需要量，可以根据式（2.2）计算出来。

$$W = \frac{\gamma_r}{N_s^3 (S_r - 1)^3} H^3 \qquad (2.2)$$

式中 W 为石头或混凝土块的需要重量,t;

γ_r 为石头或混凝土块在空气中的容重,t/m³;

S_r 为石头或混凝土块相对于海水的相对密度;

H 为设计计算用的波高,m;

N_s 为由波浪的诸因素、墩子的形状、被覆材料的特性决定的系数。

式(2.2)中的 N_s,如图 2-1-(b3)所示。

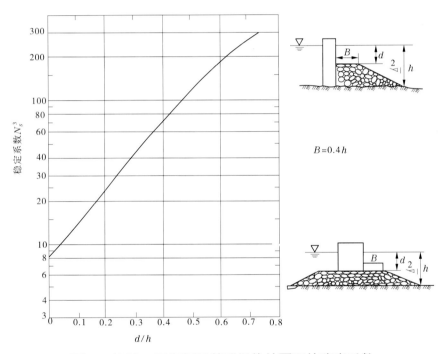

图 2-1-(b3) 固根堤及基础堤体被覆石的稳定系数

另外,在港湾工程中的抛石石料规格如表 2-1-(b)所示。

表 2-1-(b)　石料规格

石材种类	抛石(kg/块)			
规　　格	5 以下	10～200	10～500	200～500

石材种类	被覆石(kg/个)			
规　　格	200～400	400～600	600～1 000	1 000 以上
1 层厚	50 cm	60 cm	65 cm	70 cm

2－1－(c)　反射防波堤

波浪在碰到直立岩壁时会成为重复波,具有反射的性质。

利用这一性质,冲着湖海波浪行进的方向,设置抛物线状的防波堤,该项技术是在防波堤的焦点附近设置波浪的能源利用装置,又设置消波浪装置的技术,于1983年发明(国际公开号码为WO84/01177),在大阪市立大学的协助下进行了验证实验,可望作为利用波浪曝气等自然能源的一项技术。

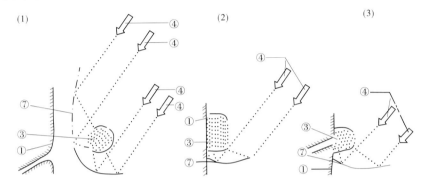

图 2-1-(c)　反射防波堤的"海洋之空"利用

照片 2-1-(c)　集中在反射防波堤的焦点的波浪

2-2 "海洋之空"对外水域的净化功能

在有水位变化的水域,把具有多空隙的接触氧化堤称为净化堤,把由净化堤围拢封闭起来的水域称为"水域之空"。正如在"2-1'海洋之空'的水质净化功能"中叙述的那样,"海洋之空"内的水收入了外水域的污浊水,通过潮汐等的能量得到净化,保持着如照片 2-2-1、照片 2-2-2 所示的洁净的水域。

照片 2-2-1 "水域之空"内的
水质(浅水区)

照片 2-2-2 "水域之空"内的
水质(深水区)

不久,由于潮汐的变化,外水域水位下降的时候,再次透过净化堤,水在进一步得到净化的同时,被排出外水域,净化了外水域的水质。这就是"海洋之空"的外水域净化功能。

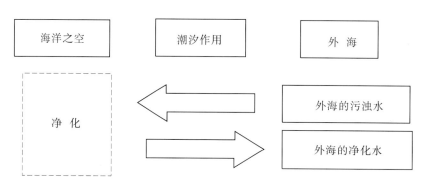

这种作用在每次潮汐到来时反复发生,进行净化。

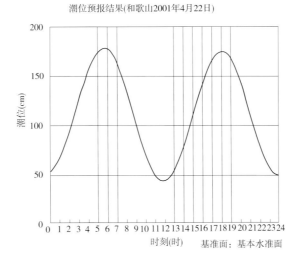

潮位预报结果(和歌山2001年4月22日)

图 2-2-1　潮汐图

照片 2-2-3　"水域之空"内的潮位变化

因此,假如 1 次潮汐的净化水量为 q,"海洋之空"对外水域的净化效果 Q 则为:

$$Q = \sum q = \sum n(A \times h) \qquad (q = A \times h)$$

(在这里,A 为"海洋之空"的面积;h 为"海洋之空"内的潮位差;n 为潮汐的次数,1 日 2 次潮汐)

例如,如果 $A = 1 \ \mathrm{km}^2$,$h = 1.5 \ \mathrm{m}$,那么 1 日的外水域净化水量为 $2q = 300$ 万 $\mathrm{t/d}$。

为此所需的运行成本是 0。

2-3 "海洋之空"的平稳化功能

由堤体结构围拢封闭起来的水域,是不容易受到来自外海的波浪和潮流影响的平稳化水域。

利用这样的平稳化水域,可以实现很多基本的系统功能。

沉淀净化功能是水质净化的基本原因,分离泥水中的泥土可以造地和滩涂。而且,作为海洋的防灾防御对策,具有海啸和波浪的防御功能。同时,在这个平稳化的水域设置巨型浮体,该巨型浮体成为不受地震影响的结构物,作为地震防御对策,也是有效的,这是"海洋之空"加速利用海洋空间的基本功能。

为此,1993 年进行了"海洋之空"的平稳化功能的调查。

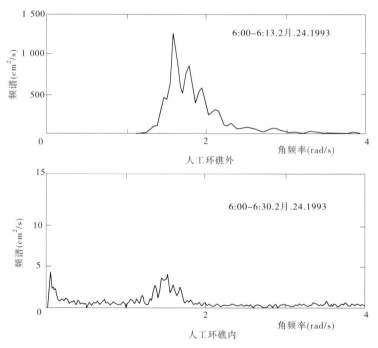

图 2-3　测量到的波浪的频谱

把两种颜色海滨的"海洋之空"内的波高与远海相比较的话,波高为1/10,能量比则为 1/100 以下,这一结果表明,"海洋之空"内的平稳性非常之高。

2－4 淤泥的净化功能

构建"海洋之空"，一旦水变干净的话，海底的淤泥就自然地得到净化。

实验（被太阳光氧化过的淤泥）

把大阪湾的淤泥放到同样的 2 个透明容器中各 1/3，剩余的 2/3 用海水注满，密闭容器口，其中 1 个容器遮断光源沉到干净的水中约 1 个月时间，照射到光的容器内的淤泥表面像照片 2-4-3（右侧）那样，被氧化成茶褐色。

照片 2-4-1　把大阪湾的淤泥放到 2 个透明玻璃容器中各 1/3 的状态

照片 2-4-2　左侧是用黑色的尼龙袋遮断了光的状态

照片 2-4-3　取掉了照片 2-4-2 中黑色覆盖层的状态

（太阳光使 Do 增加）

上午、下午、晚上分别对这 2 个容器内的 Do 的变化进行测量,其结果如表2-4 所示。

表2-4　光照引起的 Do 的变化(mg/L)

测量时间	上午(10:00)	下午(15:40)	晚上(21:50)
水　温	19 ℃	28 ℃	21 ℃
明	4.2	6.6	4.8
暗	1.9	1.8	0.9

太阳光照射到水面,就有藻类发生,由于碳酸同化作用而使 Do 增加。

如果水变清、光能照射到海底淤泥表面的话,淤泥表面就会产生生物膜,由于碳酸同化作用而使"海洋之空"内的溶存氧增加。

光对淤泥的吊起提升作用

如果水变清、光能照射到海底淤积的淤泥表面的话,淤泥表面就会自然地产生生物膜(藻类),光继续照射,生物膜的表面则如照片 2-4-4 所示,由于碳酸同化作用而产生氧气气泡。

由这种表面生物膜上发生的气泡群,可以把淤泥吊起浮上来(这种状态下一部分成为螃蟹和虾、海螺等的饵食)。

此时,厚 3 mm 左右的沙和小石子可以附着在上面被吊起浮上来。

照片 2-4-5 是浮起的生物膜的状态。而照片 2-4-6 是海底淤泥的表面生物膜剥离了的状态。

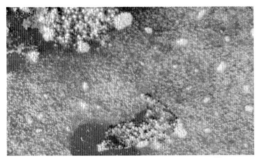

照片 2-4-4　淤泥表面的生物膜上产生的氧气气泡

照片 2-4-5　浮起的生物膜的状态

照片 2-4-6　海底的淤泥表面(生物膜剥离了的状况)

剥离之后,黑色的淤泥表面裸露出来,太阳光再一照射,生物膜再次发生,变为原来的状态。这种操作自然地反复进行,不久海底的淤泥就会消失。

浮起来的生物膜,由于风和波浪的作用,像照片 2-4-7 所示的那样,被岸边的波浪推到海岸水边,不久就变成像照片 2-4-8 那样的土煎饼,还原为自然的土。

照片 2-4-7　被推到岸上的
淤泥的生成物

照片 2-4-8　淤泥形成的土煎饼

照片 2-4-9　海底的淤泥消失,看到了原来的砾石

2-5 "海洋之空"对油的净化功能

世界上油的处理量每年可达到 30 万 t,沿岸的油污染成为重大的问题。特别近年来沿岸水域的油污染更是严重,1990 年的海湾战争,1993 年 1 月苏格兰海上的大型油船触礁,同年,由于苏门答腊海上的大型油船的冲撞事故而引发的海域污染等不断发生。作为防止这些油对沿岸污染的方法,利用"海洋之空"可以实现对油污染的净化。

本来,作为污染海域的油污的形态有三种:①固体(蛋糕)状的油;②流动性的液态油;③溶在水中的溶解状的油。对于多空隙的碎波堤(石块堆积堤)围拢封闭起来的水域——"海洋之空"内的水域,固体(蛋糕)状的油,从物理形态上讲无法透过。

同时,流动性的液态油(即一般的油),具有容易附着在有机物上的性质,有着多空隙的碎波堤,其砾石间生活着藻类和微生物,油附着在这些藻类和微生物体上,透不过碎波堤。

这些附着在"海洋之空"堤体上的固体(蛋糕)状的油和流动性的液态油,在外海激烈的波浪和破浪掺气的作用下,通过微生物的长时间分解可得到净化。

另外,对于溶在水中的溶解状的油,在大阪湾的填海造地水域设置了"海洋之空",利用"海洋之空"进行了这种状态油的净化效果验证。

在测量中,"海洋之空"内、外的己烷抽出物的测量结果如表 2-5 所示。从表 2-5 可以看出,"海洋之空"内、外的水的己烷抽出量的总平均值,内部的水域为 0.61 mg/L,外部的水域为 1.43 mg/L,内部水域的值比外部水域的值降低到 1/2 以下。

表 2-5 "海洋之空"内、外的己烷抽出物的比较

测定日 (年-月-日)	(A)空内(mg/L)			(B)空外(mg/L)			(A/B)
	涨潮	退潮	平均	涨潮	退潮	平均	下降率
1990-01-30	0.5以下	0.5以下	0.5以下	0.5以下	1.6	1.05	47%
1990-02-03	0.8	0.5以下	0.75	1.6	1.8	1.7	44%
1991-11-19	0.7	0.9	0.8	1.5	1.8	1.65	48%
1992-03-30	0.5以下	0.5以下	0.5以下	1.4	1.2	1.3	47%
总平均	0.63	0.6	0.61	1.25	1.6	1.43	43%

同时，又于 1991 年 1 月～1992 年 11 月，在大阪湾的现场进行了实验，油的含有率为 1.3%。

照片 2-5 是用电子显微镜观察到的附着在砾石间表面的附着生物的情况，可以窥看附着生物把油摄入细胞内的情形。

由上述情况可以看出，"海洋之空"对沿岸水域的油污染的净化效果是很好的。

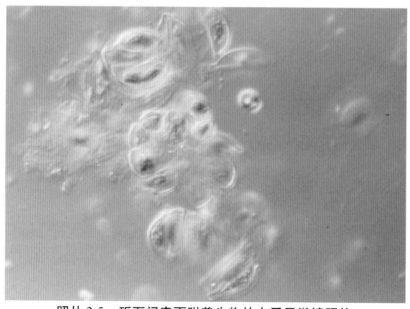

照片 2-5 砾石间表面附着生物的电子显微镜照片

2-6 "海洋之空"对污泥的净化处理功能

利用"海洋之空",无论净化多么大量的水,也不会因水质净化而产生污泥。正如在 2-1-1 中记述的那样,通过潮汐的接触氧化作用,净化巨量的污水,收入到"海洋之空"内大量的营养物质,由于丰富的溶存氧和活跃的生态循环作用,通过生物的"吃"而被处理掉。

> 生物吃东西,生物吃生物。
>
> 被吃进去的东西经过消化,被储积,容易被植物和藻类利用分解。
>
> 这是生态自身的营生,是生态循环作用。
>
> 这个过程没有污浊和公害,处理得非常快。

1992 年在大阪湾南部的樽井,拆开了约 1 公顷的"海洋之空"(日污水处理量 2 万 t/d)的净化堤,进行了联合调查。

(照片 2-6-1～4 是对构成"海洋之空"的净化堤的生态调查情况)

从这个堤体中发现的附着生物有:螃蟹、沙蚕、牡蛎和藤壶等,没有污泥。

照片 2-6-1～4　构成"海洋之空"的净化堤的生态调查

2-7 "海洋之空"的防灾防御功能

由堤体结构围拢封闭起来的水域,是不受波浪和海啸、高潮、潮流、漂沙飞沫等影响的水域,对海洋的外敌(鲨鱼和潜水艇、鱼雷等)、漂流物(垃圾、油等),特别是大型油船的爆炸和漂流船等有防御功能。

尤其对于"海洋之空"内设置的浮体结构物来说,没有洪水和泥石流等陆地灾害,浮起的结构物不受地震的影响,即使是对于海啸,由于其波长很长,受到"海洋之空"堤体的反射,越过堤体的浪头由于"空"内的缓冲水域也被衰减消去。同时,浮体结构物即使是再大也与海底地盘的支撑力无关,不会成为地基下沉的发生原因。

详细内容,留在后面第3章"海洋之空"的应用中以下章节里讲述:

3-1 "海洋之空"在浮体结构物方面的应用

3-1-1 在地震对策方面的应用

3-12 利用"海洋之空"的海啸防御对策

3-13 利用"海洋之空"保护海岸

3-14 "海洋之空"在航路维持疏浚方面的应用

3-15 "海洋之空"的潮流发生装置在治水方面的应用

3-16 防御来自大型油船的漂流物等

3-17 防御来自海洋的外敌

3-18 利用"海洋之空"防御垃圾

3-19 利用"海洋之空"防御红潮

3-20 利用"海洋之空"防御漂沙

3-21 利用"海洋之空"防御飞沫

2-8 "海洋之空"的造地功能

在有水位变化的泥浊水域,如果用具有多空隙的堤体结构构成"水域之空"的话,"水域之空"内是没有波浪和潮流的平稳净化水域,在水位变化的时候泥水流入,泥水被沉淀净化,沉淀的泥留在"水域之空"内。

上述这种过程反复出现,不久,泥分就沉淀到了水位的高度,自然沉留。这就是"海洋之空"的造地功能。

根据构成"水域之空"堤体的高度和大小,决定海涂和造成土地的用途。(1991 年 5 月在日中友好技术交流中,提出用"海洋之空"造地的建议,造成了上海第 2 国际机场的第 2 期工程。)

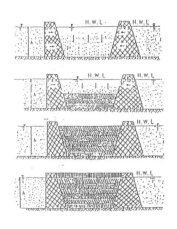

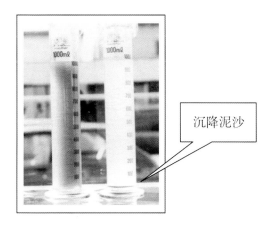

沉降泥沙

图 2-8-1　土地造成的机理　　　　照片 2-8-1　沉降实验

照片 2-8-2　自然造成的土地照片(中国上海)

对于长江河口的沉淀泥沙,进行了土质试验,如用塑性图表示的话,则如图 2-8-2 所示,在 A 线之上(OL),适合作填海造地材料。

另外,抗压强度试验的结果如图 2-8-3 所示,可以看出,进行石灰处理后,抗压强度更大。

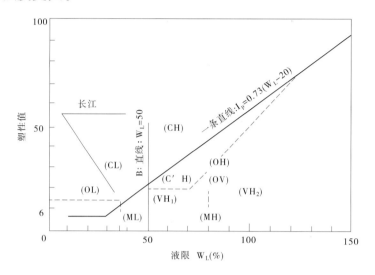

图 2-8-2　长江河口沉淀泥沙的塑性图分类

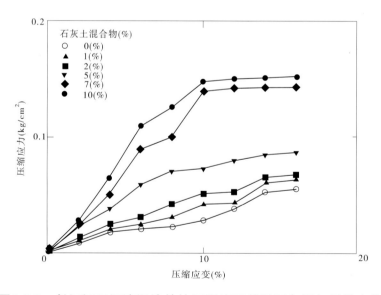

图 2-8-3　长江河口沉淀泥沙的抗压强度及其随石灰添加量的变化

2-9 "海洋之空"的漠性

用堤体结构围拢封闭起来的水域称之为"海洋之空",如果其规模很大的话,由于地球的曲率和人的视角,再加上雾和云霞,被围拢封闭起来的堤体"海洋之空"中的事物就变得模糊不清了。这个被称为"海洋之空"的漠性。

站立在琵琶湖和大阪湾的沿岸,对岸的护岸设施和防波堤人眼也看不清楚。

从物理学的角度出发,能够确认的"海洋之空"对岸的堤体的距离 L 为:

$$L = \sqrt{(R + h_1)^2 - (R + h_2)^2} + \sqrt{(R + h_2)^2 - (R + h_3)^2}$$

式中:h_1 为人眼的高度;h_2 为对岸净化堤水面以上的高度;h_3 为波浪的高度;R 为地球的半径。例如:如果 $h_1 = 1.2$ m、$h_2 = 3$ m、$h_3 = 0.1$ m、$R = 6\,370$ km 的话,$L = 9.8$ km,那么一边长为 10 km 以上的"海洋之空"的存在与否就不得而知。

实际上,如果隔着 2~300 m 以上的距离,由于视角的关系,发现不了"海洋之空"的存在。

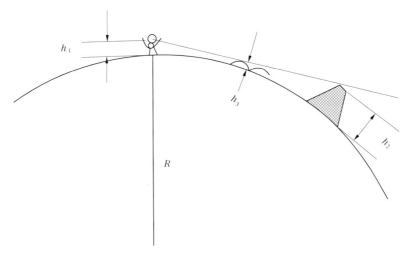

图 2-9 "海洋之空"的漠性

2-10 "海洋之空"的潮流发生功能

如果在有潮位变化的水域,构筑旋形状的堤体,那么水位上升的时候就有流向中心的潮流发生,水位下降的时候就有流向外边的潮流发生。这是一个把潮汐的能量变成潮流的系统,在自然界里,由于大阪湾这个巨大的"海洋之空",在纪淡海峡和明石海峡发生了激烈的潮流。

把潮汐的能量变成潮流的系统

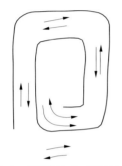
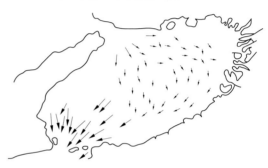

图 2-10-1 把潮汐变成潮流的系统   图 2-10-2 大阪湾的潮流

在有水位变化的水域,用堤体结构围拢封闭起来的水域被称为"海洋之空",如果通过水路打开这个水域,那么每当水位变化的时候,就会发生激烈的潮流。我们把它称为"海洋之空"的潮流发生装置。(该项技术于1987 年发明)

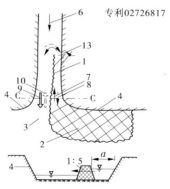

图 2-10-3 利用"海洋之空"发生潮流的装置

1984 年得到京都大学防灾研究所的协助,进行了大型模拟试验。

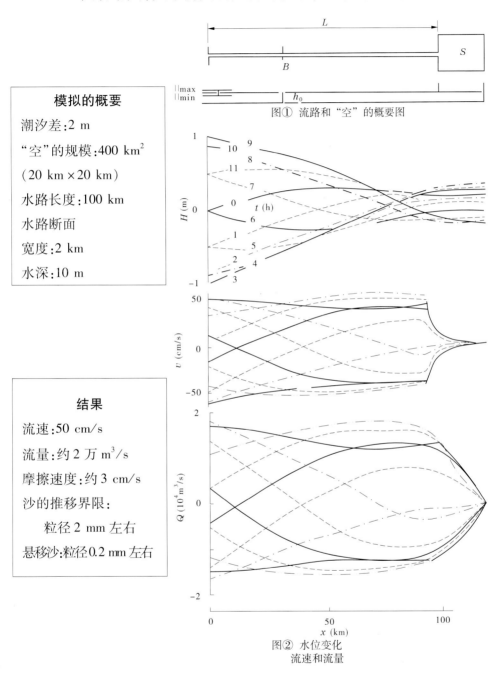

模拟的概要

潮汐差:2 m

"空"的规模:400 km²

（20 km×20 km）

水路长度:100 km

水路断面

宽度:2 km

水深:10 m

图① 流路和"空"的概要图

结果

流速:50 cm/s

流量:约 2 万 m³/s

摩擦速度:约 3 cm/s

沙的推移界限:

　　粒径 2 mm 左右

悬移沙:粒径0.2 mm 左右

图② 水位变化
流速和流量

图 2-10-4 "海洋之空"潮流发生装置的模拟结果

2-11 "海洋之空"的维持

"海洋之空"会由于泥沙的沉淀而变浅,必须根据设置的目的,排除其造成危害的主要原因。为达到这一目的,最好是充分利用自然现象和"海洋之空"的特性加以排除。

(1)"海洋之空"内不让泥沙进入。

(2)扩大"海洋之空"的规模,利用台风和季风产生的风浪排出沉淀的泥沙。

(3)澄清"海洋之空"内的水,激活底泥的光合作用,使之浮起被排出。

(4)使"海洋之空"内发生潮流,不使泥沙沉淀。

采取上述对策,可以维持"海洋之空"的功能。

3 "海洋之空"的应用

关于"海洋之空"的应用,作为与水质净化等环境保护有关的内容,有防御红潮和淤泥、垃圾、油污等方面的应用。作为新的系统开发的内容,有在利用封闭性水域建成高度净化系统的应用;在下水道污水处理方面的应用;在污浊河流净化和水路净化方面的应用;河流沿岸水质净化方面的应用;造滩造地方面的应用等。

还有,作为"海洋之空"与防灾、防御有关的内容,有防御海啸,防御海洋外敌,防御大型油轮漂流、爆炸起火漂着,保护海岸和防御漂沙,防御飞沫等方面的应用。

作为与休闲度假娱乐有关的内容,可望在造成阳光透照通路、建造海滨浴场、建造钓鱼公园等方面得到应用。

另外,作为与渔业有关的内容,可望在海洋牧场、养殖场、蓄养场等方面得到应用。

与海洋空间和平稳净化水域利用有关的内容,作为地震对策,可以考虑在浮体结构物方面的应用。

除上述以外,作为国土整治的方策,可用于河口疏浚和航道维持,河流治理,运送巨量的砂土、造滩造地,河口的维持疏浚,航道的维持疏浚,填造机场用地等很多方面。

3-1 "海洋之空"在浮体结构物方面的应用

本来,浮体结构物有很多优点:① 浮起来的物体受地震的影响少。②无论怎样巨大的结构物,地盘的支持力也不受影响。③ 没有陆地上的灾害(洪水,泥石流等)。④ 更换容易。

浮体结构物的缺点:①在波浪中摇曳,容易受到海啸等的影响。②会受到失事船只的冲撞。③防御大型油船的爆炸起火等困难。④易受鱼雷和潜水艇的直接攻击。

因此,用堤体结构构成围拢封闭的"海洋之空",在这个平稳净化水域里设置浮体,由此可以消除浮体结构物的缺点。分析整理浮体+"海洋之空"的合体结构物的优缺点,则如表3-1所示。

今后,在海洋空间的利用方面,可以考虑利用"海洋之空"建造浮体机场、能源基地、发电站(原子能、火力、风力、温度差发电等)、工厂、下水道污水处理场、宾馆、体育馆、休闲度假娱乐设施等。

图 3-1 "海洋之空"内设置的浮体结构物

表 3-1　浮体 + "海洋之空"合体结构物的优缺点

<防灾功能>

◎（1）不受地震的影响

◎（2）防御大型船舶的冲撞

◎（3）防御油轮等的爆炸起火

◎（4）防御海啸

○（5）防御大潮

△（6）防御飞沫

△（7）应对地球变暖

<防卫功能>

◎（8）防御鱼雷和潜水艇的侵入

○（9）防御鲨鱼和侵入者

<地盘支持力>

◎（10）浮体与地盘支持力没有关系。

◎（无论是多么巨大的结构物，也不会加重于地盘的珊瑚礁）

<施工性>

◎（11）可以缩短工期

<平稳性>

◎（12）被围起来的水域没有波浪、潮流，平稳。

<环境性>

◎（13）由于被净化防波堤包围，被围水域内外的水得到净化

◎（14）防御来自远洋的污水、红潮、垃圾、油等

◎（15）净化来自浮体的污水、垃圾、油等

<生产性>

○（16）作为海洋牧场的有效利用

△（17）通过生态循环把浮游生物资源化

<休闲度假娱乐设施>

○（18）作为钓鱼公园利用

○（19）作为自然水族馆利用

○（20）作为鲸鱼观察台等旅游资源利用

△（21）可作为浮体水上飞行基地使用。

<维持>

◎（22）容易更换修理。

◎（23）容易改变模型

<本地对策>

○（24）可作为海洋牧场、钓鱼公园利用

○（25）可作为旅游资源利用

○（26）与本地渔业相关部门共用

<行政>

○（27）填埋不需要执照

△（28）不需要取消渔业权

<海域保持>

○（29）容易恢复原状

◎（30）可以在保持海域的同时有效利用海域

<附加>

◎（31）节省了浮体的系留设施

◎（32）可减轻浮体的应力部件

凡 例

◎——效果最好

○——有效果

△——稍微有效

3-1-1 在地震对策方面的应用

浮起来的物体受到地震的影响小。

用堤体结构围拢封闭起来的"海洋之空"水域,是平稳水域,浮在这个水域内的结构物,无论是多么巨大的结构物,地盘的支撑力也不受影响,是自然的免震构造。

由于地震的振动周期和"海洋之空"内设置的浮体结构物及"海洋之空"内波浪的固有振荡周期不一样,浮体结构物不会因为地震而受到破坏。

因此,它可望被用做核电站等方面的重要的地震对策。

3-2 在滩涂方面的应用

河流经常排出大量的泥沙。根据2-8"海洋之空"的造地功能,在河口用比较低的堤体构成围拢封闭的"海洋之空",就可以用来填造海涂。

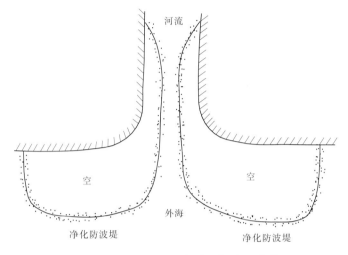

图 3-2 在河口建造的"海洋之空"

照片 3-2 在河口造成的海涂

3-3 在利用封闭性水域建立高度净化系统方面的应用

封闭性水域作为水域污染的温床,国际上也把它视为一个问题。不过,转化这种封闭性水域的矛盾,充分运用它的特性,是可以进行封闭性水域的水质净化的。

在有水位变化的水域,用具有多空隙的接触氧化堤围拢封闭起来的水域被称之为"水域之空"。当外水域水位下降的时候,透过接触氧化堤,就有干净的水被排到外水域。

但是,被排出的干净水的水量有限,而且,外水域有波浪和潮流,被排出的干净水由于扩散和流浪,外水域的水得不到显著的净化。

因此,在构成"水域之空"的接触氧化堤外侧,要设置净化水洼(封闭性水域),保留从"水域之空"中透过接触氧化堤流出的净化水量,通过这种方法净化封闭性水域内的水。当外水域 4 的水位再次上升时,被保留在净化水洼 3 中的干净水,再次透过接触氧化堤 1,流入"水域之空"内 2,"水域之空"内 2 的水进一步得到净化。

这种过程反复进行,使"水域之空"内 2、外 3 的水更加净化,"水域之空"内 2 的水能够得到高度净化。

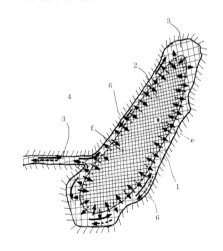

图3-3 利用"海洋之空"净化封闭性水域的高度净化系统

3-4 在利用阳光透照通路改善水底部质量和深层环境方面的应用

在水位变化的水域,构筑用净化堤围拢封闭的"水域之空",提高该水域的水质透明度,以水为媒体,使大量的太阳光透照到水底,使水产业和观光、休闲度假娱乐成为可能,激活光合作用,净化生态环境和水底的淤泥。

图3-4 净化堤围拢封闭的阳光透照通路

3－5 "海洋之空"在净化水路方面的应用

在有水位变化的水域,用接触氧化堤构筑"水域之空",每当水位变化的时候,透过接触氧化堤的干净水,通过水路流入流出,这样的水路称之为"净化水路"。

佐鸣湖是日本国最坏排名第一的受污染湖泊,湖水面积 120 hm²,潮差为 50 cm,为一感潮湖泊。在湖心 100～200 m 处,用接触氧化堤(净化堤)围起了一个面积为 60 hm² 的"水域之空",与新川河下游相通,每天约 60 万 t 的水透过接触氧化堤被净化。因此,新川河下游的污浊河流成了"净化水路"。

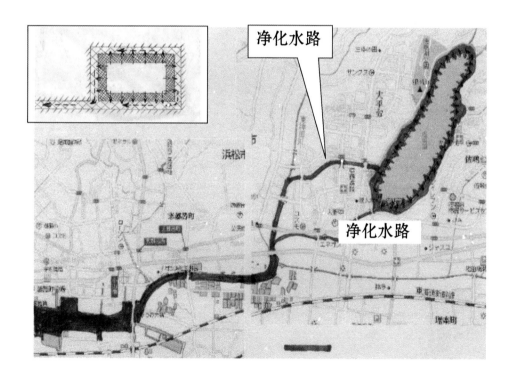

图 3-5 利用"海洋之空"的净化水路

3-6 "海洋之空"在净化污浊河流海域水质方面的应用

利用"海洋之空"作为污浊河流海域水质的净化对策,其形象图可以像图3-6-1那样来考虑。

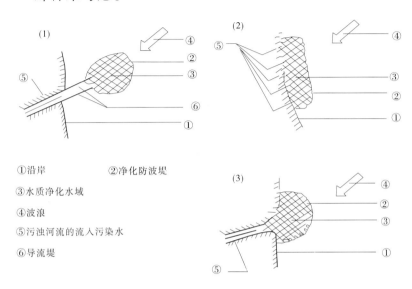

①沿岸　　　　②净化防波堤

③水质净化水域

④波浪

⑤污浊河流的流入污染水

⑥导流堤

图3-6-1　利用"海洋之空"净化污浊河流形象图

本来,水有着自净的性质。

水从沙砾中透过的话,就会自然地变得干净。

初春时节,鱼类溯上而游,夏季在上游摄取丰富的营养,在清洁河水的同时,鱼类也在成长,到秋初便长成,游向河流下游。

就这样周而复始,在自然的循环中,河水变得干干净净。

另一方面,从河流上游也排出大量的泥沙和垃圾。

处理河流污染,必须遵循上述这种自然现象,不再产生新的矛盾。

因此,在河口的感潮水域,设置像图3-6-2那样的"海洋之空",就可以净化污浊河流。

从上面流下来的河流污浊水,由于涨潮而被推上来,透过净化堤流入"海洋之空"内,从而得到净化。

退潮从"海洋之空"的先端开始,由于净化水路的水位下降,被净化过的水从两侧的净化堤流出,变成干净水,流入远海。

同时,鱼类可以没有障碍地溯上游动,从河流上游流下来的大量垃圾,绝大部分流入海域,在波浪和潮汐、太阳光、生态循环等的过程中被处理掉。

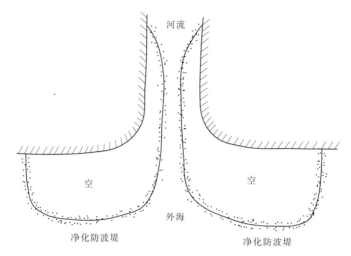

图 3-6-2　河流的净化系统

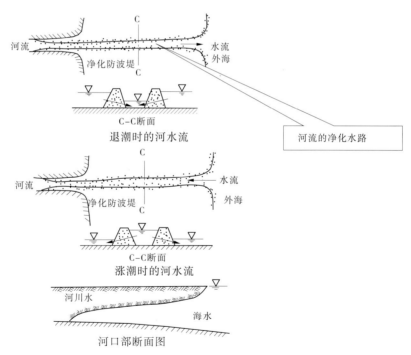

图 3-6-3　利用"海洋之空"的污浊河流对策

3-7 "海洋之空"在污水处理方面的应用

关于"海洋之空"在污水处理方面的应用,作为"海洋之空"的水质净化功能,有着利用砾石间接触氧化、波浪曝气、沉淀净化、光学分解、生态循环等方法。作为利用"海洋之空"的下水道污水处理系统,有使污水直接流入"海洋之空"内的方法,还有从"海洋之空"的外水域收进加以净化的方法。不过,此次示例是直接流入"海洋之空"内的方法。

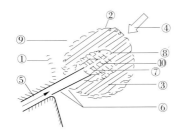

图 3-7-1　下水道污水处理系统

图 3-7-2　下水道污水处理形象图

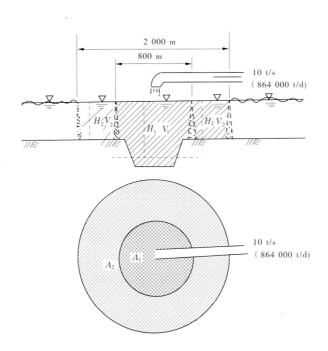

图 3-7-3　下水道污水处理的模型

3-8 "海洋之空"在防止沿岸污浊方面的应用

从河流和沿岸陆地流入海洋的污水,像照片3-8所示的那样,没有顺着沿岸流,直接流到了海上,而是由于沿岸流污染附近的沿岸水域。

照片3-8 沿岸的污浊状况

因此,在沿岸的污浊水域,像图3-8那样,设置围拢封闭沿岸的"海洋之空",用这种方法直接净化水域。或者间接地把净化了的水放流到远海,沿岸污浊水域的水也得到稀释净化。

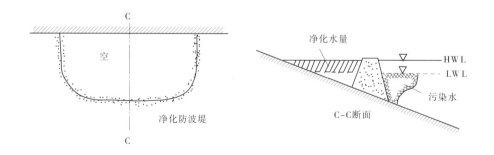

图3-8 沿岸水域的水质净化系统

为了验证这种水质净化的效果，1988 年调查了在大阪湾建设的用净化堤围成的"海洋之空"内外的水质、退潮时"海洋之空"附近一带的水质以及海上的水质，其结果如表 3-8 所示。

表 3-8 "海洋之空"的水质净化

测定项目	涨潮		退潮		比较			
	A 外(9.20)	B 内(9.20)	C（外海近"空"处）	D（外海远"空"处）	A—B	A—C	D—C	A—D
pH	7.8	7.7	7.5	7.9	0	4	5%	－1%
盐分浓度(%)	3.0	3.0	3.0	3.0	0	0	0	0
COD(mg/L)	2.0	1.1	1.9	1.9	45%	5%	0	0
浊度(度)	5.0	1	1	5.0	80%	80%	80%	0
SS(mg/L)	4.2	<1	1.6	3.0	70%	57%	40%	29%

涨潮时"海洋之空"内外的水质同时得到大幅度净化，其 COD、浊度、SS 分别达到 45%、80%、70%。"海洋之空"附近一带，退潮时"海洋之空"内被净化了的干净水流到外水域，外水域的水一起得到大幅度净化，其 COD、浊度、SS 分别达到 5%、80%、57%。

退潮时"海洋之空"附近一带的水质和海上的水质，其浊度、SS 同时有 80%、40% 的差。

从上述情况可以看出，"海洋之空"对防止沿岸水域的污染是有效的。

3-9 "海洋之空"在海洋牧场等方面的应用

如果自然环境发生变化或暴风雨持续,渔业工作者就捕不到鱼。如果捕捞过量的话,价格就会下降,所以渔业工作者的生活不稳定。

在谋求更稳定的渔业的同时,也为了稳定地供给好吃的、质量好的鱼类,"从捕捞渔业发展为制造渔业"的事业正在发展推进中。

作为制造渔业,有海洋牧场、养殖场、蓄养场等方法。

因此,利用"海洋之空"的防灾防御技术、水质净化技术建立海洋牧场、养殖场、蓄养场的建议1985年以后被提出来,并进行了具体实施。

(1)海洋牧场:利用堤体结构围拢封闭起来的宽广的自然水域,养殖鱼类和贝类,现在把它称之为海洋牧场。

(2)养殖场:把比海洋牧场规模小、集约养殖鱼类和贝类的场地称之为养殖场。

(3)蓄养场:在自然水域中,把捕获来的鱼类和贝类作短时间的储留,等待涨价和销售旺季,为了改善肉质等,抽出泥沙、进行储留。这样方法称之为蓄养。

1988年,大阪府水产试验场的长田(林)凯夫、藤田种美等人在大坂湾的箱作·下庄处的"海洋之空",对"海洋之空"的水温特性、"空"内生存的鱼类进行了调查,推进了海洋牧场、养殖场、蓄养场的具体化实施。这些结果日后给国际上(中国)海洋牧场的发展带来了很大的影响。

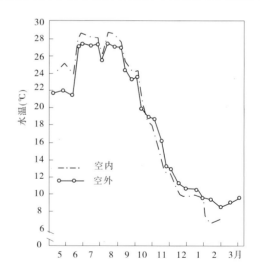

图 3-9(1) "海洋之空"的水温特性

表 3-9　"海洋之空"内生存的鱼类

	日文名	学名
1	マイワツ(远东拟沙丁鱼)	Sardinopus meranosticta
2	マホヴ(条纹乌鱼)	Mugil cephalus
3	コノツロ(斑鰶)	Konosirus punctatus
4	スズキ(鲈鱼)	Lateolablax japonicus
5	*マダイ(真鲷)	Pagrus major
6	*クログィ(黑鲷)	Acanthopagrus schlegeli
7	マハゼ(黄鳍刺鰕虎鱼)	Acanthogobius flabimanus
8	ネズミゴチ(箭头鱼)	Callionymus richardosoni
9	*メハル(无备虎魳)	Sebastes inermis
10	*カサコ(褐菖魳)	Sebastiscus marmoratus
11	*クロソイ(许氏平魳)	Sebastes schlegeli
12	*マコガレイ(黄盖鲽)	Limanda yokohamae
13	*ヒラメ(牙鲆)	Paralichthys olivaceus
14	*キエウセン(海猪鱼)	llalichoeres poecilepterus
15	ヨウジウオ(薛氏海龙)	Syngnathus schlegeli
16	*テラビア(尼罗罗非鱼)	Tilapia nilotica
17	*ケルマエビ(日本对虾)	Penaeus japonicus
18	イソスジエビ(太平洋长臂虾)	Palaemon pacificus
19	ガザミ(三疣梭子蟹)	Portunus trituberculatus
20	モクブガニ(螯蟹)	(Eriochir japonicus)
21	アナジヤコ(蝼蛄虾)	Upogebia major
22	アサソ(菲律宾缀锦蛤)	Tapes philippinarum
23	マガキ(太平洋牡蛎)	Crassostrea gigas

*放养鱼种

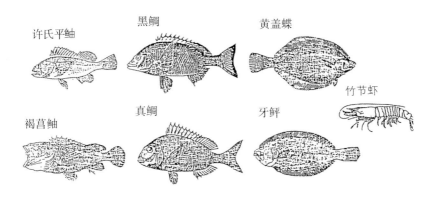

图 3-9(2)　在"海洋之空"内放流的鱼类

构成"海洋之空"的堤体

养殖对虾

养殖鲆

照片 3-9-1 利用"海洋之空"建成的养殖场

照片 3-9-2 牙鲆

照片 3-9-3 竹节虾

照片 3-9-4　中国杭州湾的"海洋之空"实验场

照片 3-9-5　中国杭州湾的"海洋之空"实验场养殖的白苇虾

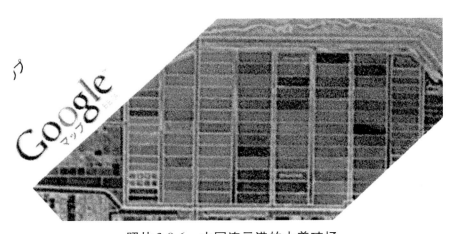

照片 3-9-6　中国连云港的大养殖场

3-10 "海洋之空"在钓鱼公园方面的应用

在海洋度假休闲娱乐中,人们对钓鱼公园的需要非常之高。现在普遍采用的是栈桥式和筏子式的钓鱼公园,这些几乎都是钓自然洄游的鱼类,有钓着钓不着的问题。不过,利用"海洋之空"建成的钓鱼公园,钓的一定是活生生的野生鱼,所以心情上有很大的差异。

再者,利用"海洋之空"建成的钓鱼公园,不怎么受天气的左右,钓到的鱼没有公害。照片3-10是"海洋之空"内设置的钓鱼公园的构想图,图3-10是"周日钓鱼"小西社长的提案。

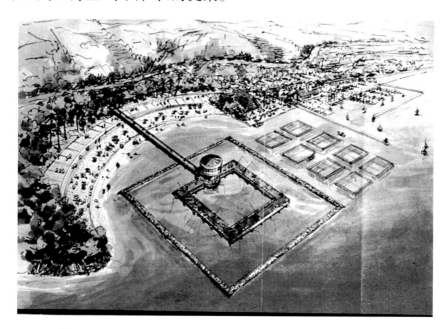

照片3-10 "海洋之空"内设置的钓鱼公园构想图

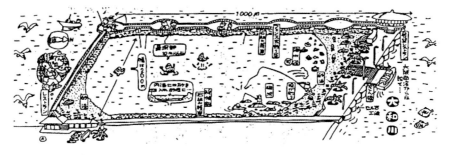

图3-10 "海洋之空"内设置的钓鱼公园("周日钓鱼"小西社长的提案)

3-11 利用"海洋之空"的海滨浴场

海滨浴场大都是面向海上开设,所以容易受到大浪和时时发生的红潮等引起的水质污浊,以及鲨鱼、海蜇、漂流垃圾、油污的威胁。

因此,像图3-11中所示那样,在海滨浴场的周围,用具有多空隙的碎波堤围成封闭的"海洋之空",在"海洋之空"内设置海滨浴场,用这种方法可以建成平稳、干净、没有鲨鱼等的威胁,而且没有油和垃圾的舒适的海滨浴场。

特别在像中国那样的泥浊水域,可以充分利用"海洋之空"的沉淀净化功能。

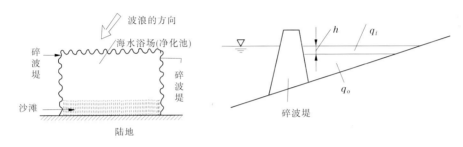

图3-11 利用"海洋之空"的海滨浴场

照片3-11 利用"海洋之空"的海滨浴场(中国上海市)

3-12　利用"海洋之空"的海啸防御对策

波浪在水深变浅的时候要发生碎波。一般情况下,水深在波高的约1.8倍以下时发生碎波。

海啸也是波浪的一种,海啸在水深变浅时产生碎波,其能量一下子被释放,由于它冲上陆岸,所以遭受危害的地点发生在海岸部。

作为海啸的性质,海啸的波长很长,波长(L)达100 km。不过,海啸冲波的波高(H)充其量也就是2~3 m,波高(H)和波长(L)的比(H/L)很小,有着不容易碎波的性质,在结构物前面水深比较深的情况下发生反射。

因此,在必须防御海啸的沿岸,要设置重要的防护设施,用以反射海啸,使之不能靠近。不让海啸在海岸碎波是解决这些问题的根本手段。

为达此目的,在水深比较深、能达到海啸冲波波高2倍以上的水域,围建防波堤,不让海啸碎波,使之在海上反射,逐回海啸。

如果万一碎波,即使有波浪越过"海洋之空"的防波堤,这些浪头的能量也因为"缓冲水域"而被吸收。

同时,被提起冲高的波浪的危害,也因为防波堤围起的缓冲水域而得到防御。

利用"海洋之空"的海啸防御系统

(1)在必须防御海啸的沿岸和水域,隔着缓冲水域,用防波堤围建封闭的"海洋之空",通过提高防波堤前面的水深防御海啸。

(2)通过缓冲水域防御越过防波堤的海啸掀起的波浪。

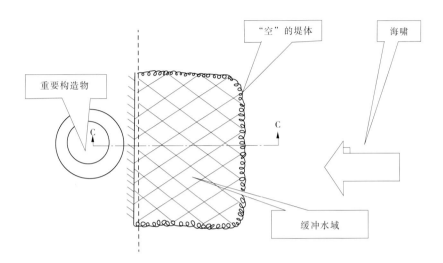

图 3-12-1　利用"海洋之空"的海啸防御系统平面图

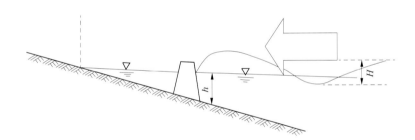

图 3-12-2　利用"海洋之空"的海啸防御系统断面图

3–13 利用"海洋之空"保护海岸

海岸侵蚀源于波浪和沿岸流,海岸侵蚀已经成为国土保全方面的重大问题。

用堤体结构围拢封闭起来的"海洋之空"水域,因为没有波浪和潮流,如果把它设置在受侵蚀的海岸前面,就可以防止海岸侵蚀。

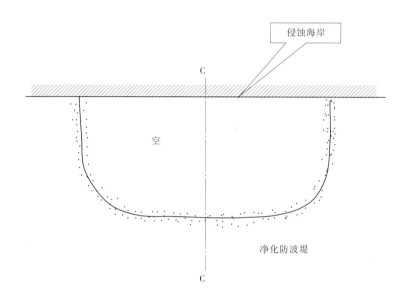

图 3-13 利用"海洋之空"保护海岸

3-14 "海洋之空"在航路维持疏浚方面的应用

利用自然潮汐产生激烈的潮流,能够用于维持疏浚航路。在有潮汐变化的水域,构筑用堤体结构围拢封闭的"海洋之空",用水路连通"海洋之空"水域,利用这种方法,每当潮位发生变化的时候就会产生激烈的潮流。这就是"利用'海洋之空'的潮流发生装置"。

譬如在自然界,位于东京湾的浦贺水道、位于大阪湾的明石海峡和纪淡海峡、位于濑户内海的鸣门海峡,由于东京湾、大阪湾、濑户内海等巨大的"海洋之空",所以浦贺水道和明石海峡、纪淡海峡、鸣门海峡,每当潮汐到来时就发生激烈的潮流,自然存在着100~200 m的大水深航路。

这一自然现象与"利用'海洋之空'的潮流发生装置"的作用相同,为了验证这一原理和作用,1990年,以当时京都大学防灾研究所的芦田和男教授和泽井健二副教授为主要人员,进行了2-10"海洋之空"的潮流发生功能中所示的模型实验和模拟。

"海洋之空"的面积为400 km²,开放水路的规模为:长度100 km,宽度3 km,水深10 m,在水路口门的潮汐差为2 m的条件下进行模拟和模型实验,其结果表明,产生的流速为50 cm/s,能够维持疏浚宽3 km、水深10 m、总长达100 km的大运河。

该项技术,不像以前那样,靠的是通过燃烧巨量的矿物燃料产生的机械力量来疏浚航线,而是有效地利用潮汐的自然能量,作为应对地球变暖的对策,作为善待环境的可持续事业,它也是非常有效的方法。

3-15 "海洋之空"的潮流发生装置在治水方面的应用

在河流的河口部,由于从上游流下来的泥沙的淤积和河口两岸的填埋等,河流的长度慢慢地延伸,河流整体的河床比降变缓。

因此,河床抬高,河流的洪水通过能力下降,航运和内水外排变得困难。

这些历来都是因重力而产生的流体的能量难以波及到河流全流域、河床的冲刷能力下降的缘故。

因此,在河口部有可能发生潮汐变化的水域,利用"海洋之空"的潮流发生装置使河口部发生潮流,刷深维持河床,重新分配潮汐的能量和河流重力产生的水流的能量,用这种方法充分发挥河流上游部分的水流的能量,在河口部积极地导入潮汐,充分发挥潮汐的能量,这样就有可能从功能上缩短河流的长度。

采用上述方法,就是要提高河床的比降,加大推移力,刷深河床,增大河流断面,提高河流的过水能力。

不过,为了维持河流整体的过水能力,需要对"海洋之空"进行规划,使潮流产生("空"的面积×最大潮位差/12 小时)的流量大于河流的洪水流量。同时,无论使之发生多么大量的潮流,水位也不能上升到海水面以上。

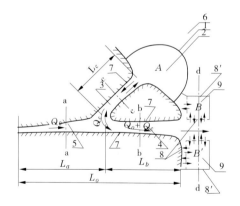

图 3-15 利用"海洋之空"的潮流发生装置的治水应用图

3－16　防御来自大型油船的漂流物等

日本油的使用量每年约 2 500 亿 L,这些大部分靠从外国进口。

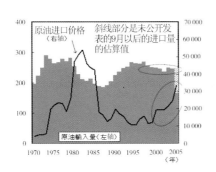

本星期的指标 NO665(2005 年 10 月 11 日):
摘自参事官(经济财政分析－总结相当)付、
中野、贵比吕先生提供的资料

图 3-16　日本原油的输入量

换算成 10 万吨级油船的话,每年有 2 万多艘油船往来于日本的近海。因此,不断因为油船而引发事故。

一般说来,如果大型油船爆炸起火漂至大城市的话,大城市将发生火灾被消灭。在沿岸,存在着包括无论如何也必须保护的城市、核电站和基地等重要的设施。

同时,日本周围的国际形势也非常不稳定。

1997 年,在冲绳建立浮体和码头结构基地的计划提出来的时候,就有了利用"海洋之空"建造浮体结构的提案。

日本的原油,大部分由沙特阿拉伯等中东国家进口,经由东海和西太平洋,由大型油船运送过来。

在运油的大型油船上,除船长以外,下面至少也得 10 ~ 20 名的船员,这是目前的现状。此时,如果有第三国的潜水艇等停靠,被强行推拉,装载着炸药,从风的方向和潮水流动的方向突进而来,在中途即使被发现并击沉了,燃起的火海也必将毁灭基地。

因此,为了作好危机管理,构筑包围基地的"海洋之空",对防御大型油船爆炸起火漂至也是重要的。

3-17 防御来自海洋的外敌

作为海洋的外敌,能考虑到的有鲨鱼和鱼雷、潜水艇等的攻击。不过,作为自然的外敌,有海啸和波浪、垃圾和红潮、漂沙、飞沫等,还有失事船只的冲撞、大型油船的爆炸起火等,这些防御也是必要的。

对于上述这些外敌,通过构筑用堤体结构围拢封闭的"海洋之空",保持"海洋之空"的缓冲水域,对防御来自海洋的这些外敌,是可能的。

照片 3-17　构成"海洋之空"的堤体(中国上海市)

3-18 利用"海洋之空"防御垃圾

在沿海岸边,由于塑料、尼龙、空罐儿和木片等漂流物,海岸受到污染。这些漂流物不是在海岸边自己发生的,而是从其他海域漂流过来的,这些地方就会出现大问题。

在大阪湾的海岸边,被冲上岸的漂浮垃圾如照片 3-18 所示。在一边长为 2 m 的四方形范围内,对海岸垃圾进行取样分析,其结果如表 3-18 所示。

如上所述,从取样调查的结果亦可看出,大部分垃圾是从其他水域漂来的,碎波堤围拢封闭起来的"海洋之空"内的海岸没有漂流垃圾。

照片 3-18　海岸边的漂浮垃圾

表 3-18　被冲到海岸上的垃圾的分析例子(大阪湾内)

发生场所	垃圾的种类	重量(g)	(比率)
本水域和海岸发生的	贝壳、海带等	—	200(g)
	空罐等垃圾		(12.8%)
其他水域和海岸发生漂流过来的	塑料制品	230	1 365(g)
	木片类	1 070	
	布等垃圾	65	(87.2%)
合计		1 565	(100%)

3-19 利用"海洋之空"防御红潮

一般说来,红潮发生的原因是氮和磷等营养成分流入水中,浮游生物因此而大量繁殖造成的。

由于这种红潮的发生,给水产、观光度假娱乐带来了大的影响,尤其给养殖业带来了致命的危害。濑户内海红潮发生的状况如图 3-19 所示。

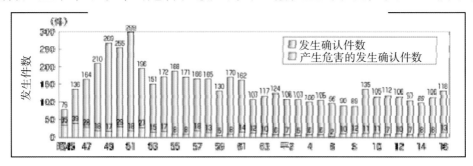

图 3-19 濑户内海红潮的发生状况

出处:《濑户内海的红潮》(水产厅濑户内海渔业调整事务所)。

构筑由碎波堤围拢封闭的"海洋之空",可以防御红潮。

红潮发生时,泉大津港的"海洋之空"内、外的状况如照片 3-19-1、照片 3-19-2 所示。照片 3-19-1 是远海红潮的状况,照片 3-19-2 是"海洋之空"内的状况。

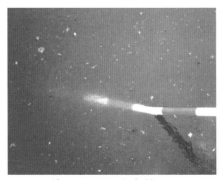

照片 3-19-1 外海的红潮

照片 3-19-2 透过净化堤的
"海洋之空"内的水的状况

另外,照片 3-19-3 是当时采集的样品,左边是红潮海水,右面是透过"海洋之空"内被净化了的海水。

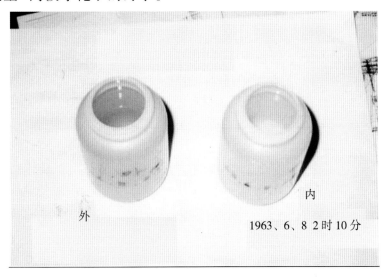

照片 3-19-3　红潮海水和"空"内的海水样品

表 3-19 是当时的水质分析结果,SS 在外海是 12 mg/L,"海洋之空"内是 2 mg/L,消除率为 83%;COD 在外海是 10mg/L,"海洋之空"内是 3.7mg/L,消除率为 63%;浊度在外海是 18,"海洋之空"内是 3 ,消除率为 83%。

表 3-19　样品水质的检验结果

分析项目	外海(红潮)	空内	消除率
SS	12 mg/L	2 mg/L	83%
COD	10 mg/L	3.7 mg/L	63%
浊度	18	3	83%

3－20　利用"海洋之空"防御漂沙

波浪靠近海岸线,水深变浅时就会发生碎波,泥沙被波浪卷上来。根据波浪滚来的进入角而产生沿岸流,与此同时,由于波浪的发射角度而泥沙产生移动。把这样的现象称之为漂沙。

用堤体结构围拢封闭起来水域,是没有波浪也没有潮流的水域,能够防止海岸的漂沙。在碎波线以上的水深处构筑"海洋之空",可以防止沿岸的漂沙。

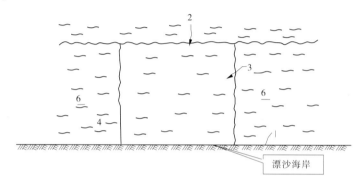

图3-20　利用"海洋之空"防御漂沙

3－21　利用"海洋之空"防御飞沫

海岸边的浪花,作为微小的盐粒子,因其具有腐蚀性,会给镀锌铁皮和电子仪器以及飞机的引擎等精密器械带来危害。

一般说来,即使是同样机种的飞机,以海洋为基地的飞机和以内陆为基地的飞机,其寿命也特别不一样。

构成"海洋之空"的净化堤,与陆地海岸隔着缓冲水域,所以具有防御飞沫的效果。

3-22 "海洋之空"在能源基地方面的应用

近年来,能源问题日益严重,如果在大城市周边的陆地上布置能源基地的话,从确保用地的角度考虑,在陆地上建设极为困难。因此,必须考虑在沿岸的海上设置。

如果在海上设置的话,可以考虑采用人工岛的形式和浮体形式。

一般说来,浮体结构物受地震的影响很小,而且不必考虑构造物的地盘支持力,所以在经济方面、安全方面是非常有利的。但是,浮体绳索结构物,容易受波浪和海啸、漂流油引发的火灾危害,有与漂流船只冲撞的危险等,存在着致命的缺陷。

因此,构筑用堤体结构围拢封闭的"海洋之空",在这个平稳净化水域内设置浮体结构物,就可以克服浮体结构物的缺点,不受地盘支持力的影响,是自然的免震结构,不受地震和海啸的影响,可成为安全的能源基地。正是因为这个缘故,提出了在"海洋之空"内设置 LNG 能源基地的可能性的提案。

表 3-22　在"海洋之空"内设置 LNG 能源基地的概要

利用目的	规模	内容
LNG 城市天然气工厂	8 hm^2	LNG 年内处理量,400 万 m^3 的城市天然气工厂 60 hm^2 和冷热利用工厂 20 hm^2,8 万 m^3 的气罐 22 个
LNG 火力发电厂	33 hm^2	150 万 kW 发电厂的规模
养鱼、蓄养中心	10 hm^2	利用发电厂的温热排水、天然气工厂的排放的热能进行养鱼和蓄养技术的研究
养鱼、蓄养场	150 hm^2	有效利用"空"内的平稳净化水域
小船、游艇码头(气筏舟等)	77 hm^2	作为城市近郊的海洋娱乐设施,为市民提供休闲娱乐场地
游艇码头(冲浪舟等)	160 hm^2	用做青少年训练的快艇港、冲浪水域
游乐场	16 hm^2	兼有旅馆的海洋休闲娱乐设施
空	7.5 hm^2	上部是宽 20 m 的道路,外侧具有防波功能,内侧是混凝土块,是具有应对涨、落潮功能的亲水性堤体
LNG 船舶系留装置	2 投锚处	装载 125 000 m^3 的 LNG 船,长 300 m

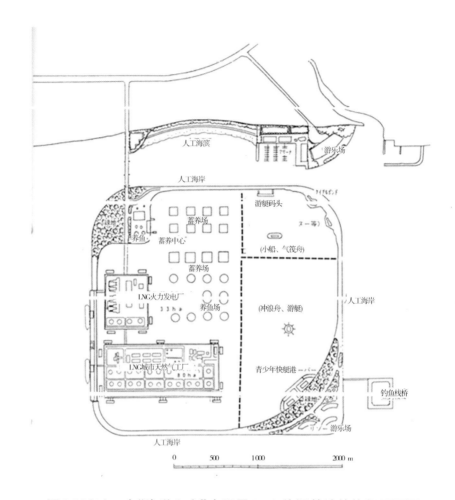

图 3-22(1) 在"海洋之空"内设置 LNG 能源基地的构想平面图

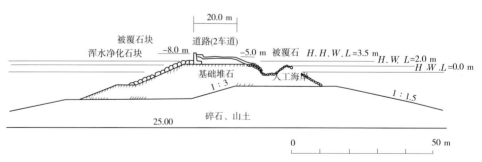

图 3-22(2) "海洋之空"净化堤的断面图

4 "海洋之空"未及实施的几个问题

人们说,"海洋之空"技术是面向未来的一项出色的技术。

自1981年发明这项技术到现在,尽管已经过了四分之一世纪(25年),但尚未得到普及。问题出在哪里呢?归纳起来有以下几点:

(1)是一项新的构思的技术,没有先例。

(2)对"空"这个奇异的名称有抵触情绪。

(3)在很大程度上阻碍损害了以前的技术权益。

(4)"海洋之空"实体建设用的是石头和杂石之类,成本太过便宜。

(5)因为利用的是自然能源,无需运行成本。

(6)使用年限太长。

(7)难以适合以前的公共事业的订货体系。

(8)在科学技术方面有未阐明的地方。

(9)涉及利用公有水域的权力,问题复杂。

(10 发明者不是名人。

(11)PR 不足。

其中,正确的部分已经得以理解,不过因为效果的范围广,在现在的公共事业体制下,经营主体在哪里?具体地作为事业进行预算的省厅(政府机关)在哪里?难以弄清是个大的问题。

4-1 "人工滩涂"和"海洋之空"的不同点

"滩涂"是海的一部分因为沙洲等被分离出来的浅滩和环礁,由于自然形成的沙洲、环礁构成的堤防有着良好的透过性,在海水透过时因微生物的作用而得到净化。

自然界存在的滩涂是在经历了几百乃至几万年的漫长岁月才形成的地形,在这期间,又经历了多少次地震和海啸、洪水和大潮、台风等大自然的洗礼才形成的,所以一定是在内海和外海之间,存在着这些能量短路的水路构造。

另一方面,"海洋之空"是用堤体结构围拢封闭起来的水域,是通过围拢封闭这种手段,利用海啸和潮汐、高潮等潮汐变化的能量的一种结构。这是"海洋之空"发明的部分。

因此,我认为,在自然界,不存在"被围拢封闭的滩涂"。

而且,在自然的"滩涂"里,很难寻找到透过性良好的堤防。

因此,我提倡的"海洋之空"与"人工滩涂"是明显不同的技术,是一种构造物。

5 利用"海洋之空"的设想及建议

如前所述,"海洋之空"是 1981 年发明的简单的技术,然而,它是利用潮汐和波浪、自然重力、太阳光、生态的生命力等自然能源进行海洋开发和环境保护的创造性技术,有多种多样的功能,应用的范围也宽广,以前提出过利用"海洋之空"的多种设想和建议。

最初,于 1983 年提出了作为"水域的污浊防止系统"的建议。这项技术,于 1982 年发明了净化防波堤,提出了利用波浪曝气净化污浊河流和净化下水道污水的建议。

另外,于 1985 年提出了净化中国的海洋泥沙、创造海洋牧场的"海洋之空"的建议,用这种方法进行中国的海洋开发。此后,于 1987 年提出了利用"海洋之空"造地、进行中国的海洋开发的建议。1991 年在上海第二国际机场的第二期工程中,决定将其具体化。

后来,于 1986 年发明了利用"海洋之空"建造浮体结构物,1988 年提出了利用"海洋之空"建造浮体结构机场的建议。1987 年发明了利用"海洋之空"的潮流发生装置,为了利用这项技术进行长江和黄河河口的航路的维持疏浚,1989 年提出了利用"海洋之空"溯上缩短水路的设想。再后来,2000 年随着关西国际机场第二期工程的开工,作为地基的接连下沉和圆弧状滑坡的防止对策以及飞机的飞沫防止对策,提出了利用副堤来净化水路的设想建议。又于 2002 年提出了利用"海洋之空"净化淀川的设想建议。

此次成书,就最近对下述问题的设想和建议,阐述了自己的意见。

(1)关于利用"海洋之空"的潮流发生装置进行治水和维持疏浚河口的设想;

(2)关于利用"海洋之空"作为越前海蜇对策的建议;

(3)关于支援伊拉克复兴的建议;

(4)关于冲之鸟岛日美浮体基地的设想;

(5)关于利用"海洋之空"作为核电站的地震对策的建议;

(6)关于利用封闭水域建造新一代下水道污水处理系统的设想和建议。

5-1 利用"海洋之空"的潮流发生装置进行治水和维持疏浚航路的设想

前言

利用"海洋之空"发生潮流,维持疏浚长江口的航道,进行黄河的治理,净化水质,养鱼,汇集泥水中的泥沙造地。为了推进"海洋之空"的具体化,于1984年提出了中国海洋开发(方案)的设想,从1986年组织第1次中国海洋开发访华团,到现在已经组织实施了关于"海洋之空"的14次访华调查团。1990年随第2次日中青少年交流使节团的二阶俊博(当时的运输政务次官)访华,就"海洋之空"的问题,向交通部副部长林祖乙先生进行了说明。

另外,2002年9月,作为日中邦交恢复30周年的纪念庆祝活动,同时组织1万人访华。我们在北京参加了庆祝纪念会,在总结推进日中合作的"海洋之空"的研究成果的同时,也为了追悼纪念为"海洋之空"的具体化作出努力的、已经故去的各位日中同仁,组织了第14次海洋开发访华视察团。

此后,2004年10月,"世界知识产权期间国际事务局"在国际上公开了"利用'海洋之空'的潮流发生装置的治水和水利系统"(国际公开号码为WO2004/090235 A1),2006年7月7日,日本国予以专利注册(专利3823998号)。所以,想借此机会,以长江和黄河作为模型,推进其具体化。

5-1-1 长江及黄河的现状

近年来,中国的经济飞速发展,内陆地区工业发达,供水不足和水质污浊成为严重的问题。

黄河源流区每年排出大量的泥沙,水库和河道堆积,由于流下来的泥沙,河床每年约抬高10 cm,现在已成为高出地平面4~7 m的地上河。居住在那里的约1亿人民的生命和财产受到严重的威胁。

另外,长江每年排出 5 亿 m³ 的泥沙,堆积在河口,这里有支撑中国经济的上海港、南京市、南通市、宝山钢铁厂等,由于河口淤积,成为往来于长江的大型船舶航行的很大障碍。

为此,在河口建设了宽度 4 km、长度 50 km 的巨大的导流堤,但是,只能勉强维持 8 m 的水深,加上潮汐变化 3 m,约 11 m 水深,满潮时勉勉强强地能通过 1 万吨级的船舶,这是目前的现状。今后增加航路水深,如果能维持 15 m 水深的航路,就能通过大型船舶,航运更加合理。

本来,导流堤是用来集中水流的能量,刷深维持河床的手段,随着河流长度的增加,河床比降下降,洪水的通过能力降低,或由于堤堰的增高产生障碍,使得内水排泄不畅。

5-1-2 设想的目的

河流从上游流下来的泥沙,慢慢在河口淤积,使河床变浅,形成冲积平原。这样一来,河流慢慢延伸变长,河床比降变缓,形成地上河。其结果使得河流的洪水通过能力下降,妨碍了治水的效果,同时航运和内水排泄也变得困难。因此,利用潮汐等自然能源,进行河流治理和河口的维持疏浚,同时也净化巨量的泥水,有计划地造滩造地,这就是"利用'海洋之空'的潮流发生装置进行治水和维持疏浚航路的设想"。

5-1-3 设想的概要

在有潮位变化的水域,用堤体构造围拢封闭起来的水域叫"海洋之空",用开放式水路把这个水域与外部连通,每当有潮位变化的时候,就会发生激烈的潮流。这就是"海洋之空"的潮流发生装置(这项技术于 1987 年发明)。如果把这个出水口设置在河口部的上方,就能够使河口发生激烈的潮流。

(11)【专利编号】

第 2726817 号

(54)【发明的名称】

利用海洋之空的潮流发生装置

(57)【专利申请的范围】

1.在有潮汐差的水域,用堤体 1 围拢封闭起水域 2,通过水路开放水域 2,以此为特征的利用海洋之空的潮流发生装置。

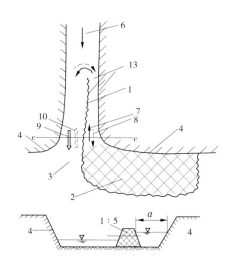

图 5-1 利用海洋之空的潮流发生装置

利用这项技术,就长江和黄河等河口的治理和航路维持疏浚问题,日中之间进行了研讨交流 ,而且,想利用这项技术为河流的治水作些贡献。

本来,河流是受因重力而产生的水流能量支配的河流水域,不过,在这样的河流水域,利用"海洋之空"的潮流发生装置,能够使以前的那种河口水域变成受潮汐能量支配的河流水域。因此,把本来受重力水流支配的河流水域变成受潮汐能量支配的河流水域,在本来受重力水流支配的河流上,通过再分配,使河口上游部分充分发挥重力水流的能量,在河口部充分发挥潮汐的能量,采用这种方法,上游部分从功能上讲可以使河流延伸的长度得以缩短。

再者,潮汐能量显著的感潮河流,河水经常在海水面以下流动,所以感潮河段的河床都在海水面以下。(即海拔 0 m 以下的河床。)

因此,河流上游部分的河床高程不变,而河流的长度变短。

正是因为这个缘故,上游地区的河床比降变陡,流速加快,推移力增大,河床冲刷,为了达到稳定比降,河床慢慢降低,"地上河"得以消解。而且,内水排除效果也因此得到提高。

5-1-4 设想的结果

上述的结果是,由于河床降低,河道断面变大;由于河床比降变陡、流速加快,洪水的通过能力也就增加。

同时,在下游地区,扩大"海洋之空"的规模,提高潮流发生的能力,经常使之产生相当于洪水流量的潮流,用这种方法提高下游的洪水疏通能力,治水效果自不待言,还能维持航路和河口的疏浚效果。再者,为了提高"海洋之空"的寿命,污浊防止水路要有足够的长度。

另外,上游冲刷下来的巨量泥沙,以泥水的形式,被自然地输送到河口。通过具有多空隙堤体结构的"海洋之空",利用潮汐的作用,有计划地把这些泥水中泥沙粒子收入"海洋之空"内的平稳净化水域,使之沉淀、净化,创造出广大的海涂或填海造地。

再者,为了净化长江和黄河的水,通过上述设想的具体化,防止东海海水的污浊,期待 5-2 利用"海洋之空"作为越前海蜇对策的效果。

参照

2　"海洋之空"的功能

2-1　"海洋之空"的水质净化功能

2-1-1　潮汐(月球引力)引起的砾石间的接触氧化

2-1-2　波浪(风)的波浪曝气作用

2-1-3　重力(地球引力)引起的沉淀净化

2-1-4　光(太阳)的水质净化作用

2-1-5　生命力(生态)的水质净化作用

2-1-6　"海洋之空"的水质净化能力

2-2　"海洋之空"对外水域的净化功能

2-3　"海洋之空"的平稳化功能

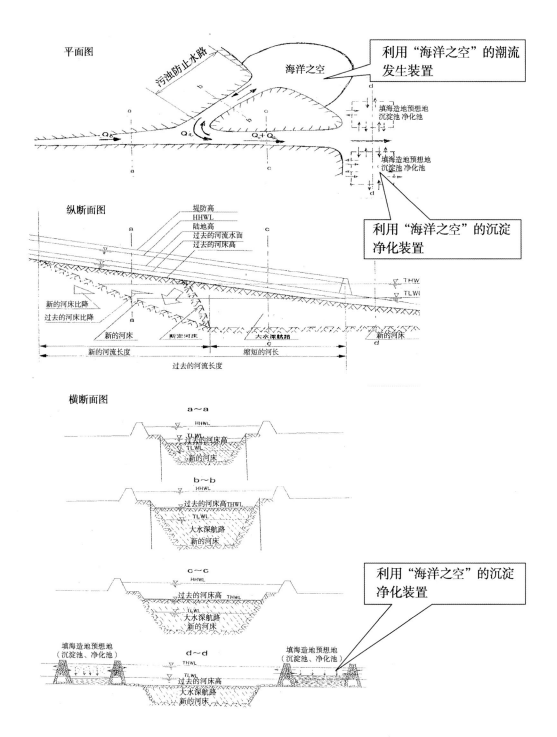

图 5-1-4 关于利用"海洋之空"的潮流发生装置进行

治水和维持疏浚河口的设想图

照片 5-1-1　潮汐作用下为达到稳定比降自然发生的水道(长江口、崇明岛)

照片 5-1-2　退潮后产生的水洼,水洼流动自然产生的水路(长江口、崇明岛)

5－2 利用"海洋之空"的越前海蜇对策

据说,日本近海的污染是越前海蜇大量发生的原因。

采用"海洋之空"技术,利用自然能源,净化江河水质,防止相邻海域污染,以此作为相关的污染防治对策。

这项技术,是前述利用"海洋之空"潮流发生装置的治水和水利系统派生实施的技术。

本来,是要通过"海洋之空"的潮流发生装置,利用潮汐的能量,发生激烈的潮流,靠其推移力刷深河床,维持疏浚航路,加大河床断面,提高洪水的疏通能力,达到治水的目的。而且,把冲刷起来的泥沙弄成泥水,运送到河口,利用潮汐把它收集到设置在河口的巨大的"海洋之空"B内,用以创造广大的滩涂或填海造地。此次作为越前海蜇的对策,是要利用"海洋之空"B的效果,保持日本沿岸的海域环境和渔业发展。关于"海洋之空"B的规模,如下所示。

(1)"海洋之空"的设计参数

＊净化水量:日净化量20亿 t/d(长江的总水量(2万 m^3/s))

＊潮汐差:2 m(实际潮差约3 m)

＊(水质净化目标值:90%以上)

(2)"海洋之空"的规模

＊"空"的面积:1 000 km^2

＊构成"海洋之空"的堤体的总长:400 km

（3）设计处理水量

＊透过"空"的净化堤的水量：80 亿 t/d

砾石间接触氧化（4 次）

＊污浊水的收入水量：40 亿 t/d

沉淀净化（2 次）太阳光氧化（1 日）

（4）事业费概算

"海洋之空"B 净化堤建设 400 km

（400 km×@100 万日元/m）：4 000 亿日元

（5）其他

造成的土地和海涂的面积：每年约 50 km²

该事业的特征

这项事业，可用于治水和长江口的维持疏浚，冲刷航路和河床，输送泥沙，用于造滩造地，治理河流，净化水质等，是一项可以达到多目的的综合事业，而且全部是利用自然能源，无需运行成本，作为应对地球变暖的对策，在国际上也会显现很大的效果。

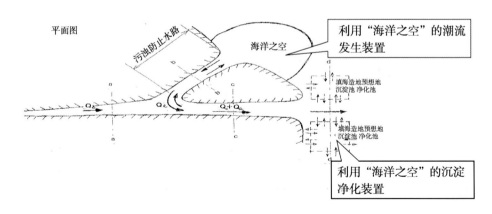

图 5-2　利用"海洋之空"净化长江水质的设想图

5-3　支援伊拉克的复兴

关于支援伊拉克的复兴,是日本可望发挥作用的地方。

早前,我们利用潮汐等自然能源,使之发生激烈的潮流,用于治水和航路的维持疏浚,净化广大水域的水,用以养鱼,聚集泥水中的泥沙造滩造地。这样的"海洋之空"技术是善待地球环境的技术,我们正在推进这项技术的研究。

在伊拉克复兴百年大计中,利用"海洋之空"这项技术,以维持疏浚原油装运港和国际贸易的大水深港湾及航线为主要目的,同时进行底格里斯河、幼发拉底河的治水,疏通水路,收集泥水中的泥沙,造成大面积海涂和机场等用地,净化水域,开发波斯湾。

想提供日本的这项国际技术,在支援伊拉克复兴中发挥作用,于2003年10月7日,向内阁总理大臣及其他有关人员提出了要求。

参照

请 求 书

2003 年 10 月 7 日

内阁总理大臣

小泉纯一郎 先生

NGO"海洋之空"研究小组

代表者 赤井一昭

关于利用日本的环境创造技术支援伊拉克复兴的要求

（前略）

关于支援伊拉克的复兴，是日本可望发挥作用的地方。

早前，我们"利用潮汐等自然能源，使之发生激烈的潮流，用于治水和航路的维持疏浚，净化广大水域的水，用以养鱼，聚集泥水中的泥沙造滩造地。"这样的"海洋之空"技术是善待地球环境的技术，我们正在推进这项技术的研究。

在伊拉克复兴百年大计中，利用"海洋之空"这项技术，以维持疏浚原油装运港和国际贸易的大水深港湾及航线为主要目的，同时进行底格里斯河、幼发拉底河的治水，疏通水路，收集泥水中的泥沙，造成大面积海涂和机场等用地，净化水域，开发波斯湾。就利用这种"海洋之空（UTSURO）"的可能性，要求派遣进行可行性调查的调查人员。

关于上述这些技术，昭和 56 年（1981 年）以后取得国内外的专利，另一方面，该技术的卓越性获得认可，昭和 58 年（1983 年）7 月获得日本发明振兴协会关西支部的优秀发明奖，平成 7 年（1995 年）获得发明协会的发明奖，平成 9 年（1997 年）获得科学技术长官奖。

想提供日本的这项技术，在支援伊拉克复兴中发挥作用，特提出请求，希望派遣调查人员。

敬呈

5-4 "冲之鸟岛"日美浮体基地的设想

在冲绳基地迁移问题再次提出的 2005 年 8 月,向内阁总理大臣及其他相关机关提交了有关资料,就"冲之鸟岛"的日美浮体基地的设想,提出了建议。

设想的概要

冲绳县民,在距今 60 年前的太平洋战争中蒙受了莫大的伤害,其后,作为美军的基地,也被迫付出了巨大的牺牲。

在这期间,普天间基地的迁移有所进展,不过,目前的现状是,冲绳县民根深蒂固地反对尚未平息。

另外,"冲之鸟岛"位于北纬 20 度 25 分、东经 136 度 05 分,地处东京西南方 1 740 km 的太平洋正中,是一个纵向 4.5 km、横向 1.7 km 的细长的珊瑚环礁。

最近,有人上诉反映了东京都知事到日本最南端的岛——"冲之鸟岛"进行现场访问,以及这个岛所处的现状。

以前,1996 年有人提出在冲绳设置浮体结构基地建议的时候,作为进一步提高这种浮体基地安全性的手段,1997 年提出过在"海洋之空"内设置"浮体结构物"的建议,就是利用我的这项技术在"冲之鸟岛"建立日美浮体基地的设想。

根据这个建议,冲绳的军事基地控制在必要的最小规模,美军基地的主力设置在珊瑚环礁之内,可以用日本的技术建立巨大浮体式约 3 000 m 级的机场和宾馆、休闲度假娱乐设施和仓库等。

我想,这样一来,就能缓和冲绳县民对美军基地的积怨,保全日本的国土。

图 5-4(1)　冲之鸟岛

（该资料摘引自京浜河川事务所——冲之鸟岛主页）

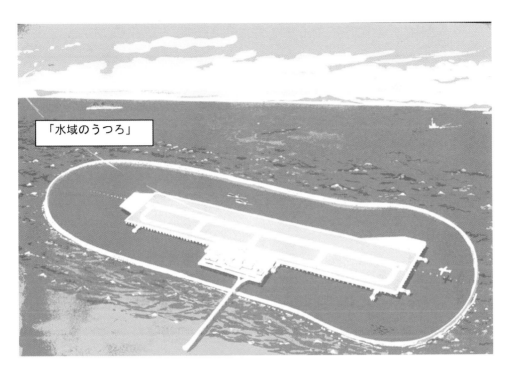

图 5-4（2） "海洋之空"内设置的浮体结构物

参照

1－2 "海洋之空"的概要

2－1 "海洋之空"的水质净化功能

2－3 "海洋之空"的平稳化功能

2－7 "海洋之空"的防灾防御功能

3－1 "海洋之空"在浮体结构物方面的应用

（表3-1 浮体＋"海洋之空"合体结构物的优缺点）

浮体结构物在各个方面已有设置的先例，将来可望用于以下领域。

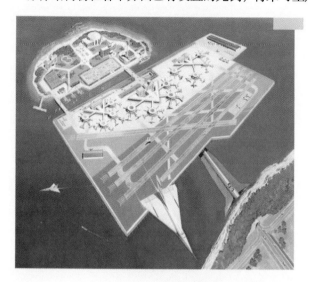

交通相关领域
- 大型国际机场
- 海上往返机场
- 海上直升机场

创造居住 都市空间
- 海上住宅
- 海上商务街
- 浮体停车场
- 海上宾馆
- 国际会议厅
- 会议中心
- 海上运动场
- 海上西餐厅
- 海上主题公园
- 防灾基地
- 海上城市
- 海上研究中心

环境对策相关领域
- 废弃物处理设施
- 海上危险物品工场
- 产业废物再利用中心
- 下水处理场

图 5-4(3) 浮体结构可望用于领域(一)

观光开发领域

●海洋休闲度假设施
●海洋游乐基地
●海上运动中心
●海钓公园
●运动决赛大厅

水产相关领域

●海洋牧场
●水产试验场
●养殖相关设施

能源工厂设施

●火力发电厂
●原子能发电厂
●太阳能发电厂
●波浪发电厂
●LPG、LNG储藏设施
●原油储备基地

研究 实验设施

●海洋研究基地
●学园城市
●资源勘探基地
●海上世界金融中心

港湾 物流设施

●集装箱码头 　　●各种船舶系留设施
●复合物流基地 　●粮食储备流通基地
●冷冻仓库 　　　●渔业基地
●超高速船终端设施

图 5-4(4)　浮体结构可望用于领域(二)

(摘引自"浮体结构物的推进"海洋前沿领域推进机构)

5-5 "海洋之空"用在核电站防灾及地震对策方面的建议

新泻县中越冲发生地震给柏崎刈羽核电站造成的事故,对核电站的地震对策带来了很大的冲击。

浮起来的物体,无论是多么巨大的结构物也与地盘的支持力无关,不受地震的影响。同时,也没有陆地上的洪水、砂石崩塌等灾害。

可是,浮起来的东西,在波浪和风中摇曳,容易受到海啸等的影响,很难防御失事的船只的冲撞、大型油船爆炸起火等,有着容易受到鱼雷和潜水艇的直接攻击等缺陷。

我们正在进行研究,用堤体结构围拢封闭的"海洋之空"水域,常常能创造平稳净化的水域,是防御波浪和海啸、海洋的外敌(鲨鱼和潜水艇、鱼雷等)、防灾御敌、保护环境的优秀的创新技术。

因此,通过在"海洋之空"的平稳净化水域内设置浮体结构物,就能克服浮体的缺点,不受地震的影响,而且也不会受到海啸和波浪的影响,能够创造出安全的新型的结构物。

特别是核电站,为了防止放射能污染,必须采取充分的安全措施。

如图5-5 所示,把"海洋之空"作成二重结构的话,内侧 I 的"海洋之空"的堤体是不透水的堤体,外侧 II 的"海洋之空"是用能吸着放射能的过滤材料筑成的净化堤。

另外,I 水域的水位 h_I 和 II 水域的水位 h_{II} 要经常保持 $h_I \leqslant h_{II}$ 的关系,这样 I 水域的水就不会流进 II 水域。

I 水域的水质要进行特别严格的管理,要设置水处理装置。

同时,在运行中要往浮体的贮水池中注水,使浮体(核电站)的本体沉到水中,确保安全。

这样一来,就成为不会受到台风影响的结构物。

另外,在"海洋之空"的堤体上分别设置闸门,必要时可以打开,能够对发电站进行更换修理。因此,在"海洋之空"内设置的核电站,可以设置在电力需求地的附近,在选址布局上既安全又经济。

核电站设想图

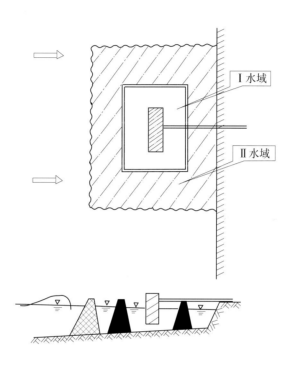

图 5-5 浮体式核电站

核电站的选址布局

　　○安全性

　　从地震、海啸、波浪方面考虑是安全的。

　　没有台风、洪水等陆地灾害。

　　○环境性

　　能应对放射能泄漏（Ⅰ水位≤Ⅱ水位）。

　　○选址布局

　　容易实现在需求地附近选址布局。

○修理

能够更换修理。

能够拖航,在工厂修理。

对浮体＋"海洋之空"合体结构物的优缺点进行整理,则如表 3-1 所示。

参照

（表 3-1 浮体＋"海洋之空"合体结构物的优缺点）

5-6 利用"海洋之空"形成的封闭性水域构建巨大的下一代污水处理系统的建议

本来,封闭性水域作为水质污染的温床,国际上一直把它视为一个问题。不过,有一种能转化这种封闭性水域的矛盾、充分利用封闭性水域的特性建立高度净化系统的提案,进而利用这种系统在人口集中的长江河口,作为模型,构建巨大的下一代污水处理系统。

1)利用"海洋之空"形成的封闭性水域构建高度净化系统
(参照3-3)

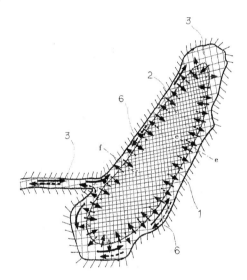

图 5-6-1 利用"海洋之空"形成的封闭性水域构建高度净化系统

欲利用上述系统构建"下一代污水处理系统"。

2)利用"海洋之空"形成的封闭性水域构建下一代污水处理系统

现在,随着中国经济的发展,河流污染日趋严重,特别是人口集中的长江下游的上海市及其周边更加严重。

因此,利用"海洋之空形成的封闭性水域"构建下一代污水处理系统,用这种方法可以净化流经上海市的黄浦江及苏州河等受污染的河流,进而构建市内运河的净化系统。

(1)污染的现状。

流经上海的黄浦江和苏州河等污染河流属太湖水系,流入这个流域的污染水是无锡及苏州、上海约 3 000 万人口排放的污水（约 600 万 m³/d），这些污水流入黄浦江和苏州河等上海市的河流和运河，将会污染淀山湖及上海市的河流和运河。

（2）淀山湖的现状。

淀山湖位于流经上海市中心的黄浦江上游约 80 km 处，面积 62 km²，水深约 2 m。在退潮水域，湖面水位平均有 70 cm 的潮位变化，上海市内的污浊河水在每次潮汐的时候约有 5 000 万 m³ 的污水反复溯上。（参照本章末的照片5-6-1~7）

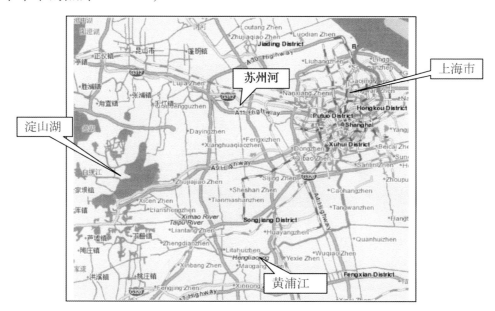

图 5-6-2　淀山湖周边图

淀山湖的概要

面积：62 km²

平均水深：2 m

潮汐差：0.7 m

溯上水量：约 5 000 万 m³/次（1 次潮汐）

3)设想的概要

因此,在淀山湖的水域内构筑约 30 km² 的"水域之空",由于潮汐的作用,有约 3 000 万 t/d 的污水反复得到净化,照此推算,不用说淀山湖,就是上海市内的黄浦江和苏州河等莫大的市内污浊河流和运河,亦将无需运行成本而得到净化。

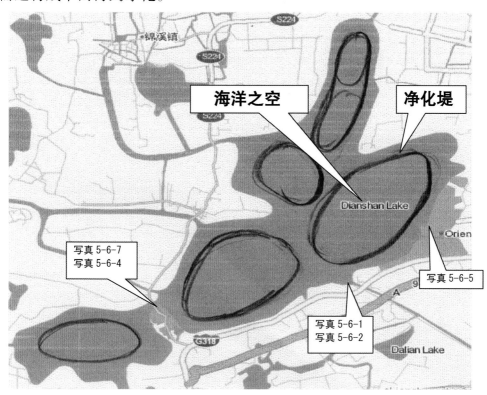

图 5-6-3　利用淀山湖的封闭性水域通过"海洋之空"进行
高度净化的系统(下一代污水处理的设想)图

图5-6-4　净化水路的设想

在有水位变化的水域,用接触氧化堤构成围拢封闭的"水域之空",每当水位发生变化的时候,透过接触氧化堤被净化过的干净水,通过水路流入流出,这样的水路称之为"净化水路"。(参照3－5)

4)净化堤的功能

透过净化堤的水变干净了。参照 2 – 1,透过构成净化堤的多空隙砾石和块体的距离如果有 5 m 左右的话,水中的 SS 和 BOD、COD、大肠杆菌能得到大幅度的净化。而且,水中的氮、磷在太阳光的光合作用下被植物吸收,同时变化为浮游生物(SS),在透过净化堤时被滤除掉。

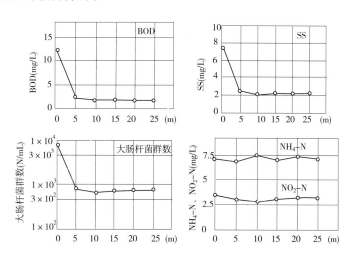

图 5-6-5　砾石间接触酸化的透过长度和污染物的去除

透过净化堤的水质净化测定值(海水) 表 2-1-6(1)

项目	"空"外 (透过前)	"空"内 (透过后)	去除率
pH	7.8	7.2	
盐分浓度(%)	3.0	3.0	
COD(mg/L)	2.0	1.1	45%
SS(mg/L)	4.2	<1	76%以下
浊度(度)	5.0	1	80%

透过净化堤的水质净化测定值(淡水) 表 2-1-6(2)

项　目	主流	透过水	去除率
SS(mg/L)	4.9	0.2	96%
BOD(mg/L)	4.4	1以下	很高
浊度(度)	3	1以下	很高

4）验证

淀山湖是淡水的低潮水域，2008年3月，适逢黄河水利委员会冯金亭先生前来日本，在纪川河的现场，对于表2-1-6（2）所示的砾石间接触氧化的净化效果进行了验证。

固床工净化堤

堤体宽：约45 m　　堤体的水位差：约1 m

横断面的涌水宽度：约10 m

涌水量：200 L/s（堤体每1 m的净化能力：20 L/s）

主流的水质

透过固床工净化堤的水质

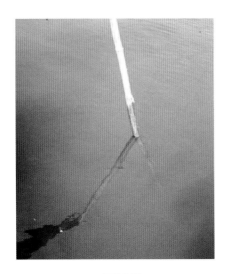

主流水质

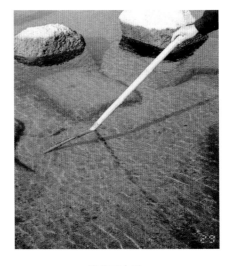

净化后水质

图5-6-6　主流水质和净化后水质比较

5）事业概要

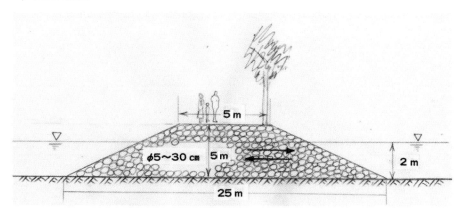

图 5-6-7　设想的净化堤横断面图

（1）设想的概要

"海洋之空"的面积：30 km²

"海洋之空"内的平均潮汐差：50 cm

1 日的净化水量（30 000 000 × 0.5 × 2 次）：3 000 万 m³

（2）净化堤

净化堤的总长：约 52 km

标准断面

堤顶宽：5 m

堤高：5 m　　底宽：25 m

坡面比降：1/2

堤体的断面（5 + 25）5/2：75 m²

砾石的体积（75 m² × 52 000 m）：3 900 000 m³

（3）事业费概算

砾石（杂石当地）的单价

中国：@60 元/m³

日本：@1 000 日元/m³

总事业费

中国（@60 × 3 900 000 m³）：约 2 340 万元

（日本：约 35 亿日元）

淀山湖口

照片 5-6-1 淀山湖口(淀峰大桥下)

照片 5-6-2 黄浦江上游的利用状况

淀山湖的潮汐差

照片 5-6-3　淀山湖的潮汐（护岸工）

照片 5-6-4　淀山湖的潮汐（苏州一侧的桥台）

照片 5-6-5 淀山湖的水质(绿州公园)

照片 5-6-6 淀山湖的水质

照片 5-6-7　淀山湖苏州一侧的水路

6）结果

本设想的日净化水量为 3 000 万 t/d,反复利用前面所述的净化堤,能把上海、苏州、无锡等太湖流域约 3 000 万人口的污水排放量 600 万 t/d 反复净化 6 次(3 天时间),相当于涨潮、落潮共 12 次透过净化堤净化的水量。与以前的水处理系统相比,前期投资极少,且不需要运行成本。

同时,在本系统中是生物吃营养物,微生物吃微生物。亦即利用生态循环作用的水处理系统,处理时间非常短,可望用于开发水产资源。因为不使用任何药物,没有二次公害。无论净化多么大量的水也不产生污泥。因为这种水处理不使用电和油,所以不需要运行成本,是低碳生态系统。

这一结果,使流经上海市的黄浦江、苏州河等市内的运河变得清澈透明,促进旅游和水资源的再利用,激活生态循环,促进河底污泥的净化。

后记

前面已经讲过,自 1981 年发明"海洋之空"技术以来,差不多有 30 年了,在此期间,得到众多同仁的协助,才确立了现在的技术,在此表示衷心的感谢。

该项技术,是"用堤体结构围拢封闭的"简单的技术。

"海洋之空"是有效利用太阳光和地球重力、波浪和潮汐、生态的生命力等自然能源,进行海洋环境保护和开发,促进生态循环的系统。不需要运行成本,是以矿物燃料为中心的现代社会的转型技术之一,作为应对全球变暖和防灾、防御对策,是有望能作出贡献的技术。

因此,我认为这项技术的发明在国际上也意义重大,利用范围也宽广,是向地球环境峰会提交的汇总文书。

参考文献及相关著作

1) 「海洋の空（人工環礁）による水域の浄化システムの開発」「海洋の空」研究グループ（平成9年5月）

2) 静穏浄化水域に創造とその応用についての研究（人工接触環礁「海洋の空」）報告書、土木学会関西支部共同研究グループ代表者上田伸三（平成元年3月）

3) 「水域のうつろ」省エネルギー振興協会・日本浄化ブロック協会・海洋牧場研究会・水域の浄化システムプロジェクトチーム（昭和59年7月30日）

4) 1992排水浄化の日中合同の国際シンポジウム（泉南市役所に於いて）（1992年11月4日）

5) 第2回「海洋の空（うつろ）」による大阪湾及び長江河口の海域環境浄化に関する日中合同の国際シンポジウム（泉南市役所に於いて）大阪湾及び長江河口の海域環境浄化に関する日中合同の国際シンポジウム実行委員会（1994年4月26日）

6) 阪神大震災の復興促進「震災ガレキを水質浄化用接触ろ材として活用した『海洋の空（うつろ）』による海水浄化システムの提案　『海洋の空（うつろ）』による海水浄化研究会・神戸地域産業ホウラム・瀬戸内海環境プロジェクト研究会（平成7年8月）

7) 「中国の思想」徳間書店

8) 「中国海洋開発の現地踏査について」土木管理課赤井一昭（日中海洋開発プロジェクト推進協議会準備委員会）大阪府第14回建設技術発表会論文集（昭和62年6月）

9) 「砕波堤を利用した水域の浄化システム（水域のうつろ）赤井一昭・上田伸三・大城聖三・浅田幹彦・阿部和朗・菅原武之　土木学会第13回環境問題シンポジウム後援論文集（1985年8月）

10) 日中国交回復30週記念"一人一人が日中交流の架け橋"『第14回日中友好海洋開発訪中団報告書』【「（海洋の空（うつろ）」の技術を利用して、大河の治水と航路の維持浚渫を行い、泥水の泥を集めて大地を創造し、水を浄化して、きれいな水質環境を創造する。】NGO【海洋の空】研究グループ（2002.9.）

11) 『第13回海洋開発訪中視察団報告書』第13回日中共同「海洋の空』に関する研究会」日中協会・「海洋の空」研究グループ』協賛'国際港湾交流協力会'後援'土木学会他15団体'（1997年11月9日〜18日）

12) 『第12回海洋開発訪中視察団報告書』第12回日中共同「海洋の空』に関する研究会（長江口深水航道整治を支援するシンポジウム）旅程（上

海・南京・北京・天津）日中協会・「海洋の空」研究グループ』協賛‘国際港湾交流協力会’後援（土木学会他 15 団体）（1996 年 4 月 19 日～28 日）

13) 第 11 回日中海洋開発訪中団の概要報告　「海洋の空」研究グループ（平成 7 年 4 月）

14) 第 6 回日中共同の「海洋の空」に関する研究『“日中友好”「海洋の空」に関する水質浄化及び黄河の治水、と長江河口の航路の維持浚渫技術についての合作記念』東京会場（1996.2.1.）日本大学理工学部・大阪会場（1996.2.7.）大阪工業大学記念会館・広島会場（1996.2.8.）メルパルク　主催日中協会・「海洋の空」研究グループ』協賛‘国際港湾交流協力会’後援‘運輸省・建設省・河川環境管理財団・土木学会・国際科学技術協会他 15 団体

15) 第 5 回日中共同の「海洋の空」に関する研究来日団についての結果報告書　社団法人日中協会・日中海洋開発プロジェクト推進協議会・『海洋のウツロ』による河口体積制御に関する共同研究グループ「1994 年 4/25～5/6」

16) 日中共同海洋開発研究　“海洋の空”　日中海洋開発 プロジェクト推進協議会（1991 年 9 月）（第 1 回~7 回海洋開発訪中団）

17) ネット情報（http://www.akai-f.co.jp）The UTSURO

18) 「水域の浄化システム」（水域のうつろ）水域浄化システムプロジェクトチーム赤井一昭・上田伸三・大城聖三・浅田幹彦・阿部和朗・菅原武之　土木学会関西支部・関西支部年次学術講演会後援概要

19) 月刊建設 私の提案「水域の汚濁防止システム」大阪府建設技術協会赤井一昭（1983.9 月号）

20) 全建大阪ニュース第19 号「海洋のうつろ」中国海洋開発構想（案）土木管理班赤井一昭（水域浄化システムプロジェクトチーム）（1985．2．5)

21) 荒川調節池総合開発事業「下水浄化実権報告書」建設省関東地方建設局（昭和 54 年 12 月）

22) 堀江、細川、三好（運輸省港湾技術研究所）「護岸の曝気能比較に関する実験」土木学会弟 27 回海岸工学講演会論文集（1981 年 10 月）

23) 「砕波帯における溶存酸素濃度の挙動に関する実験的研究」細井由彦・村上仁士. 徳島大学. 土木学会第 28 回海岸工学講演会論文集（昭和 56 年 11 月）

24) 論文「人工接蝕環礁（海洋の空）による静穏浄化水域の創造とその応用」赤井一昭（大阪府港湾局）上田伸三（摂南大学

工学部）、和田安彦（関西大学工学部）、津田良平（近畿大学農学部）菅原武之（水域浄化システムプロジェクトチーム）土木学会　海洋開発論文集VOL>4(1988)

25) 論文『UTUROにおけるDOの挙動について（The Behavior of DO in the Ocean Hollow）赤井一昭、坂本市太郎、大井初博、戸田雅文、堀田健治　ECOSET'95 International Conference on Ecological System Enhancement Technology for Aquatic Environments . The Sixth International Conference on Aquatic Habitat Enhancement　ECOSET '95　Conference Secretariat Japan International Marine Science and Technology Federation(1995)

26) ネット情報（http://www.akai-f.co.jp）「紀ノ川の水質環境浄化」
仮称 紀ノ川の環境を守会（紀ノ川の水をきれいにする会（2000.9. ）

27) 「付着生物による海水浄化の研究」赤井一昭、上田伸三、馬家海、馬野史朗、船野久雄、「海洋の空」による排水浄化の日中合同の国際シンポジウム報告書、主催「海洋の空」研究グループ（1992年11月4日）

28) 「海洋のうつろ」の堤体開削調査　付着生物報告書　日本港湾コンサルタント・モリエコロジー（1992年7月30日）

29) 報告書「静穏浄化水域の創造とその応用についての研究（人工接触環礁）「海洋の空」土木学会関西支部共同研究グループ代表者上田伸三(平成元年3月)

30) 浄化防波堤（特許第1351962号）（特許条約にもと図いて公開された国際出願、国際公開番号WO83／03437）（1983年10月13日）（USA特許5,228,800）

31) 港湾の施設の技術上の基準・同解説(平成19年7月)社団法人日本港湾協会

32) 反射防波堤（特許条約にもと図いて公開された国際出願、国際公開番号WO84／01177）

33) 月刊建設　私の提案「水域の汚濁防止システム」大阪府建設技術協会赤井一昭（1983.9月号）

34) 『Purification of Marine Water Environment in the Outside Waters by an Effect of the "Utsuro"』 Isamu Nakamura,Kazuaki Akai, Masanori Suzuki,Touhachirou Tanaka,EMECS 2001-ABSTRACTS(Nov.2001)

35) 『静穏浄化水域の創造とその応用』加藤重一（東京水産大学）、赤井一昭（大阪府港湾局）、上田伸三（摂南大学工学部）、

和田安彦（関西大学工学部）第8回海洋工学シンポジュウム（昭和63年1月20, 21日）

36) 『A STUDY ON THE ENVIRONMENTAL CONDITIONS IN AN ARTIFICIAL ATOLL』Kazuaki AKAI (Office of Osaka Prefecture), Kimio SAITO (Osaka University), Mamoru SAWADA (Japan Port Consultants), Koji OTSUKA (University of Osaka Prefecture), Tohachiro TANAKA (Fuso ONffice Service) Osaka JAPAN 1993 PACON CHINA SYMPOSIUM (1993.6.14-18)

37) 『「海洋の空（うつろ）」における海象および水質の実地調査』赤井一昭（大阪府産業廃棄物処理公社）、斉藤公男（大阪大学工学部）、沢田守（(株) 日本港湾コンサルタント)、大塚耕司（大阪府立大学工学部）、田中藤八郎（福井鉄工（株））日本造船学会　第12回海洋工学シンポジウム（平成6年1月24-25日）

38) 『PURIFICATION OF ORGANICMUD BY THE "UTSURO"』赤井一昭、坂本市太郎、大井初博、戸田雅文　土木学会　環境システム研究（第21回環境システム研究論文発表会）（1993.8.23-24)

39) 『「海洋の空」によるヘドロの浄化についての共同研究』代表者赤井一昭土木学会　平成6年度関西支部年次学術講演海（平成6年5月15日）

40) 『生物膜によるオイルの浄化について』赤井一昭（大阪府土木技術事務所）上田伸三（大阪工業大学）'93年日本沿岸域会議研究討論会講演概要集No, 6 （1993年5月）

41) 「海洋のうつろ」の堤体開削による生態調査　大阪工業大学上田伸三、摂南大学大同康和、摂南大学中尾佳弘（平成4年9月）

42) 『バイオテクを組み込んだ新しい汚濁・廃棄物処理システム』橋本奨第38回廃棄物処理対策全国協議会全国大会講演集（昭和62年11月6・7日）

43) 『バイオテクノロジーと下水』大阪大学工学部環境工学科教授橋本奨 JOY and KNOWLEDGE　第2号

44) 「海洋のウツロ」にみられた潮間帯生物［「海洋のウツロ」の停滞開削による生態調査（1992年7月30日実施）調査結果］　株式会社東京久栄芳我幸雄1992「海洋の空」による排水浄化の日中合同の牧西シンポジウム資料（1992年11月4日）

45) 「中国海洋開発の現地踏査について」土木管理課赤井一昭（日中海洋開発プロジェクト推進協議会準備委員会）大阪府第14回建設技術発表会論文集（昭和62年6月）

46) 「砕波堤を利用した水域の浄化システム（水域のうつろ）赤

井一昭・上田伸三・大城聖三・浅田幹彦・阿部和朗・菅原武之　土木学会第13回環境問題シンポジウム講演論文集（1985年8月）

47)「『海洋の空』の『動』」―溯上水路の構想―赤井一昭（大阪府港湾局）上田伸三（摂南大学工学部）、和田安彦（関西大学工学部）上嶋英機（中国工業技術試験所）日本造船学会第9回海洋工学シンポジウム（平成元年7月12.13日

48)『「海洋の空（うつろ）」による溯上水路と砂泥の浄化について（Sedimentation and Purification of Water Quality by Tide in the Water Course with Marine Basins）』赤井一昭（大阪府土木技術事務所）上田伸三（摂南大学工学部）澤井健二（京都大学防災研究所）TECHNO－OCEAN´90 INTERNATIONAL SYMPOSIUM PROCEEDINGS INTERNATONAL CONFERENCE CENTER KOBE, JAPAN（14-17 NOV.）

49)『静穏浄化水域の創造とその応用』加藤重一（東京水産大学）、赤井一昭（大阪府港湾局）、上田伸三（摂南大学工学部）、和田安彦（関西大学工学部）第8回海洋工学シンポジウム（昭和63年1月20, 21日）

50)「海洋の空（うつろ）内に設置される浮体構造物有効活用の研究報告書」社団法人プレストレスコンクリート技術協会（1989）

51) 特許公報特許第3644523号（平成17年2月10日）

52) INTERNATIONAL SYMPOSIUM 『WATER PURIFICATION SYSTEM WITH PERMEABLE RUBBLE-MOUND BREAKWATER』Kazuaki Akai（Osaka Prefecture Osaka. Japan）,Y.Wada(Kansai University),S.Ueda(Setsunan University) TECHNO-OCEAN '88 KOBE,JAPAN (1988.NOV.)

53)「海洋の空（人工ラグーン）」による淀川の河川浄化構想　NGO［海洋の空］研究グループ（2002.3.30）

54)「『海洋の空（人工接触環礁）』内に設置された浮体構造物の下水処理場」赤井一昭（大阪府港湾局）上田伸三（摂南大学工学部）、和田安彦（関西大学工学部））日本造船学会　第10回海洋工学シンポジウム（平成元年1月30, 31日）

55) 人工環礁（海洋の空）の水温特性と生息魚類」藤田種美（海洋牧場勉強会）。赤井一昭（大阪府港湾局）、林逸夫（大阪府水産試験場）,中井敏之（大阪府水産課）　日本海洋学会1989年度日本

洋学会春季大会講演要旨集（1989年4月）

56）水域の浄化システムを利用した養殖場（公開実用新案60-54968号）

57）人工環礁（海洋の空）を利用した水産協調型海洋構造物　高木伸雄、赤井一昭、上田伸三、和田安彦、89日本沿岸域会議研究討論会公園概要集No2日本沿岸域会議（1989年5月）

58）釣りサンデー小西和人（1999年12月5日）

59）論文「人工接蝕環礁（海洋の空）による静穏浄化水域の創造とその応用」赤井一昭（大阪府港湾局）上田伸三（摂南大学工学部）、和田安彦（関西大学工学部）、津田良平（近畿大学農学部）菅原武之（水域浄化システムプロジェクトチーム）土木学会　海洋開発論文集VOL>4（1988）

60）閉鎖型海水浴場（実公開昭60-40528号）

61）「海洋の空（うつろ）を利用した海浜」）赤井一昭・上田伸三・菅原武之・福永純治・大城聖三・麻田幹彦・阿部和朗・野尻浩　（水域の浄化システムプロジェクトチーム・海洋牧場勉強会・海洋牧場研究会）日本海洋学会1986年度日本海洋学会壹季大会講演要旨集1986年4月

62）津波防御システム（特許公開昭60-80611号）

63）『よくわかる津波ハンドブック』東海・東南海・南海地震津波研究会（2003.3）

64）「砕波堤を利用した水域の浄化システム（水域のうつろ）赤井一昭・上田伸三・大城聖三・浅田幹彦・阿部和朗・菅原武之　土木学会第13回環境問題シンポジウム後援論文集（1985年8月）

65）『静穏浄化水域の創造とその応用（その1）』上田伸三（摂南大学工学部）赤井一昭（大阪府港湾局）、土木学会関西支部昭和63年度年次学術講演会（昭和63年4月29日）

66）論文「人工接蝕環礁（海洋の空）による静穏浄化水域の創造とその応用」赤井一昭（大阪府港湾局）上田伸三（摂南大学工学部）、和田安彦（関西大学工学部）、津田良平（近畿大学農学部）菅原武之（水域浄化システムプロジェクトチーム）土木学会　海洋開発論文集VOL>4（1988）

67）海洋のうつろを利用した潮流は発生装置（特許第2726817号）

68）「海洋の空（UTSURO）」による潮流発生装置を利用した治水および水利システム。（特許第3823998号）

69）『海洋の空（UTSURO）』の潮流発生装置を利用した止水と航路の維持浚渫　赤井一昭（「海洋のうつろ」研究グループ）、沈建華（パシフイックコンサルタント（株）（2005.4.21）

70) 『『海洋の空』の「動」―溯上水路の構想―赤井一昭（大阪府港湾局）上田伸三（摂南大学工学部）、和田安彦（関西大学工学部）上嶋英機（中国工業技術試験所）日本造船学会　第9回海洋工学シンポジウム（平成元年7月12.13日）

71) AN IDEA OF ESTUARY SEDIMENTATION CONTROL AND LAND RECLAMATION BY TIDAL DYNAMICS（"MARIN HOLLOW"）―CONSIDERING ESTUARIES OF YANGTZE RIVER, YELLOW RIVER AND HAIHE RIVER ― Kazuaki Akai, Kazuo Ashida, Kenji Sawai, Chen Jiyu, Chen Banlin, Xu Haigen, Wu Deyi, Wang Gang, Li Zegang, Feng Jingting ADVANCES IN HYDRO=SCIENCE AND ENGINEERING March1995

72) 『A STUDY ON TIDAL PHENOMENON OF THE NAKAGAWA RIVER』 MASAS WAKI, MASAYUKI FUJISIRO, TADASHI KAWAMURA, SHOICHI TAKADA（Min. of Construction,）1993PACON CHINA SYMPOSIUM（1993. 6.14-18）

73) 「海洋の空」を利用した潮流発生装置による長江河口の大水深航路の維持浚渫についての概要　「海洋の空」研究グループ　代表者赤井一昭（2000.2.）

74) 「海洋の空（UTSURO）」による潮流発生装置を利用した治水および水利システム。（特許第3823998号）

75) 荒川調節池総合開発事業下水浄化実験報告書（昭和52年～53年の実験）（Ｓ54.12）建設省関東地方建設局荒川上流工事事務所

支撑"海洋之空"技术的发明

1. 水域的净化系统（专利第 1806954 号）（国际申请ＰＣＴ／ＪP83/0099）（ＵＳＡ专利4,824,284）

用具有多空隙的碎波堤包围封闭净化水域的技术。

2. 利用"水域之空"造成阳光透照通路系统（专利第 3644523 号）

污浊水域的深层和水底是阳光透不过的黑暗水域,在这个水域,用堤体和膜体构成围拢封闭的"水域之空",提高这个水域的水的透明度,以水为媒体,使大量的太阳光透过污浊水域的温度阶跃层,照到深层和水底,可用于发展旅游观光,度假休闲娱乐。激活污浊水域温度阶跃层下的深层和水底的光合作用,供给深层和水底大量的溶存氧,这是以净化生态环境和水底淤泥为特征的技术。

3. 水域的污染防止系统（国际公开号码 WO83/02970）（公开日期 1983 年 9 月 1 日）

这是把流入干净水域的污水,一部分或全部用碎波堤围拢起来,一旦有污水流入,在湖泊的水域一边净化一边放流的系统。

4. 水域污染防止系统的预处理水域（实际公开号码 昭 59 – 107630 号）

5. 反射防波堤（国际公开号码 WO84/01177）

这是冲着海洋湖泊湖波浪行进的方向,在抛物线上设置防波堤的技术。

就是在上述状态下设置的防波堤的焦点附近,设置利用波浪能量的装置或设置消波浪装置的技术。

6. 净化防波堤（专利 第1351962 号）（国际公开号码 WO83/03437）（USA 专利5,228,800）（专利申请公开号码 昭 58 – 173,208）

这是在多空隙碎波堤的顶部附近连续碎波曝气,增加水中的溶存氧,并使这些增加了溶存氧的水渗透到堤体内的空隙材料中的技术。

7. 海啸防御系统（专利公开号码 昭 60 – 80611 号）

这是用碎波堤等防波堤把必须防御海啸的沿岸和水域围拢起来的技

术。

这是为了平稳越进缓冲水域内的海啸,在防波堤内侧也系统地设置消波浪结构的技术。

8. 封闭型海滨浴场(实际公开号码 昭 60 – 40528 号)

这是用多空隙的碎波堤等防波堤把海滨浴场周围围拢起来的系统。

9. 利用水域净化系统的养殖场(公开实用新方案 60 – 54968 号)

这是专利昭 56 – 148107 号的净化水域及专利昭 57 – 030684 号利用净化水域的养殖场。

10. 利用水域之空的浮体结构物(专利第 2662516 号)

这是在用多空隙碎波堤围成的平稳水域中设置的浮体结构物。

11. 利用海洋之空的潮流发生装置(专利第 2726817 号)

这是在有潮汐差的水域,用水路打开堤体围成的水域之空的技术。

12. 利用"海洋之空"的潮流发生装置治水及开发水利的系统(专利第 3823998 号)

在有潮位变化的水域,用堤体结构围拢封闭起来的水域称之为"海洋之空"。用水路打开"海洋之空(UTSURO)",把水路的开口向河流上游部延伸,在有潮位变化的河流上游部水域,打开水路口的"海洋之空"就成为潮流发生装置,这样就能从功能上缩短河流的长度,提高河床的比降,增大河流的流速和泥沙的推移力,刷深河床,增大河流的断面,提高内水排除和洪水疏通的能力。同时,在下游部分,扩大"海洋之空(UTSURO)"A的规模,提高潮流发生能力,使之产生相当于洪水流量的潮流,增大水流断面,不只是提高治水效果,还能维持疏浚航道。另外,为了处理流到河口、堆积在河道里的大量泥沙,在河口部设置另外一个具有多空隙的"海洋之空(UTSURO)"B,由于涨潮的作用流进泥水,沉淀净化,填造海涂和填海造地。退潮的时候,干净的上水集中到河道,发生潮流。再者,通过设置包围外围部的堤体 8′,防止泥水流出到外水域,提高其效果,能更好地维持河道。同时,为了维持"海洋之空(UTSURO)"A 的功能,要延长水路的长度,防止混浊水的流入。

13. 利用接触氧化堤的水位变动装置的渔道设备(专利第 3534061 号)

这种渔道设备,是在河川和水路的流水的纵断面方向连续设置具有多空隙的接触氧化堤,在氧化堤的上游及下游两端配置可动堤坝,通过交替反复操作上下游左右4个地方的可动堤坝,就具有众所周知的锁式渔道的效果。同时,在接触氧化堤左右设置水位差,可以净化河川和水路的污染水,防止接触氧化堤的孔隙堵塞。

"海洋之空"相关事件经过表

时间 (年·月)	相关事件	备 注
1979.8	在大阪湾淡轮海水浴场的离岸堤,发现抛石堤中的水很干净,由此产生疑问	
1979.12	荒川调节池综合开发事业《下水道净化实地检查报告书》建设省关东地区建设局(昭和54年12月)	*砾石间接触氧化的初期实验事例
1980.10	堀江、细川、三好(运输省港湾技术研究所)《关于护岸的碎浪曝气能力比较实验》土木学会第27次海岸工学演讲会论文集(1981年10月)	*初步弄清直立护岸和缓坡护岸的碎浪曝气效果的不同,引起学会有关人员的注目
1981.9	作为《水域的净化系统》,提出专利申请(1981年9月19日)	
1981.11	《关于碎波带的溶存氧浓度状况的实验研究》细井由彦、村上仁士、德岛大学、土木学会第28次海岸工学演讲会论文集(昭和56年11月)	*最初迤过实验证明了缓坡堤的效果
1982.11	根据专利合作条约提出国际申请(国际申请号码 PCT/JP82/00419·国际申请日1982年10月23日)	
1983.1	根据国际调查报告书,《水域的净化系统》被认为是前沿性高技术(国际申请号码 PCT/JP82/00419·国际调查完成日1983年1月13日)	
1983.3	专利公开(专利公开号码 昭58-50212号)·公开日期 昭和58年(1983年3月24日)	
1983.7	关于"水域的净化系统",获得(财)日本发明协会的优秀发明奖	
1983.9	建设月刊　我的提案《水域的污浊防止系统》大阪府建设技术协会赤井一昭(1983年9月号) 工大学园交友时报《水域净化系统》校友在小组开发(1983年9月1日)	
1983.10	向中国领事曲则生发送关于海洋开发的现场调查信函(1985年10月17日)	

时间 （年·月）	相关事件	备 注
1983.10	《水域的污染防止系统》泉北开发中心 赤井一昭 第10次建设技术演讲会论文集 S58年大阪府	
1984.3	关于日中友好的技术提供(申请)(1984年3月)	
1984.4	按照专利合作条约公开的国际申请(国际公开号码 WO84//0191)	
1984.6	中国海洋开发(方案)总结(1984年6月10日)	
1984.7	提出"空"的概念(1984年7月30日) 汇编"水域之空"资料集 节能振兴协会、日本净化块协会、海洋牧场研究会、水域净化系统项目组(1984年7月30日)	84湖沼水质保护特别措施法制定
1984.8	日本工业新闻《开发水域的净化系统》(用多空隙净化块促进碎波曝气作用)	
1984.9	《水域的污浊防止系统》(大阪府建设技术协会) 赤井一昭 月刊 建设(1983·9)	
1984.11	作为《水域的净化系统》,申请美国专利（1985年11月26日） 《水域的净化系统》水域净化系统项目组 赤井一昭 第11次建设技术发表会论文集(1984年)	
1985.2	全建大阪新闻第19号《海洋之空》中国海洋开发设想(方案) 土木管理科 赤井一昭(水域净化系统项目组)(1985年2月5日)	
1985.5	讲演《水域的净化系统》(水域之空) 水域净化系统项目组 赤井一昭·上田伸三·大城圣三·浅田干彦·阿部和朗·菅原武之 土木学会关西支部·关西支部年度学术演讲会讲演概要(1985年5月) 朝日新闻《堆石防波堤 净化污染海水·土木学会研究会上发表·波浪破碎水中增氧》(1985年5月5日) 朝日新闻《堆石防波堤·濑尸内海碎浪曝气·有净化海水作用》(1985年5月28日)	

时间 (年·月)	相关事件	备 注
1985.7	朝日新闻《把"海洋沙漠"改造为牧场·日中技术人员的设想》《扬子江口·日本捕鱼量的数倍》(1985 年 7 月 4 日)朝日新闻(综合)《从长江口向北 500 公里"把海上沙漠改造为渔业牧场"日中联合设想·捕鱼量每年数千万吨》(1985 年 7 月 8 日)Techgram Japan Vol. 2 No. 12《Setsunan University has developed apurifying system for sea and lake water(0207E18N) (July. 1985)	
1985.8	上海新闻《中日两国专家设想·将长江入海口的"海上沙漠"改造成"海上牧场"》(1985 年 8 月 12 日)	
	《利用碎波堤的水域净化系统(水域之空)》赤井一昭·上田伸三·大城圣三·浅田干彦·阿部和朗·菅原武之 土木学会第 13 次环境问题研讨会讲演论文集(1985 年 8 月)	
1985.10	讲演《海洋之空(海洋开发的基本设想)》赤井一昭·上田伸三·野尻浩·大城圣三·麻田干彦·阿部和朗·菅原武之(水域净化系统项目组·海洋牧场学习会)日本海洋学会 1985 年度日本海洋学会秋季大会讲演概要集(1985 年 10 月)	
1986.2	GLOBAL EYE 特集/21 世纪的世界《向海洋拓展梦想》《海洋牧场的未来·鲸鱼牧场和海洋沙漠的大改造》(1986 年 2 月)	
1986.4	《利用海洋之空的海滨》赤井一昭·上田伸三·菅原武之·福永纯治·大城圣三·麻田干彦·阿部和朗·野尻浩(水域净化系统项目组·海洋牧场学习会)日本海洋学会 1986 年度日本海洋学会春季大会讲演概要集 1986 年 4 月	
	日本工业新闻(新闻文件)《利用海洋之空的水质净化》(1986 年 4 月 9 日)	
1986.8	朝日新闻《迈向东海海洋牧场的设想·实施》(1986 年 8 月 3 日)	
	第 1 次中国海洋开发视察团(长江口、崇明岛)上海.进行长江口的现场调查(1986 年 8 月 9 日~8 月 16 日)	
	朝日新闻(经济)《长江河口的日中共同开发·(实现的可能性)调查结果出来》(1986 年 8 月 16 日)	
	读卖新闻"向海上拓展"《海洋牧场高效化》(1986 年 8 月 19 日)	

时间 （年·月）	相关事件	备注
1986.11	邀请陈吉余、曲则生先生作为第 1 次访日团赴日	
1986.12	日本工业新闻（风险事业）《水域的净化系统将在中国实现》（日中海洋开发项目促进协会预备委员会）《海洋牧场之路》（1986 年 12 月 8 日）	
1987.6	《关于中国海洋开发的现场查勘》土木管理科 赤井一昭（日中海洋开发项目促进协会预备委员会）大阪府第 14 次建设技术发表会论文集（昭和 62 年 6 月）	
1987.8	第 2 次中国海洋开发视察团（1984 年 8/2 ~ 8/12 日）上海、连云港、长江口（杭州湾）	
1987.11	《编入生物工学的新的污浊·废弃物处理系统》桥本奖第 38 次废弃物处理对策全国协会全国大会讲演集（昭和 62 年 11 月 6、7 日）	
1988.1	《平稳净化水域的创造及其应用》加藤重一（东京水产大学），赤井一昭（大阪府港湾局），上田伸三（摄南大学工程系），和田安彦（关西大学工程系）第 8 次海洋工学研讨会（1988 年 1 月 20、21 日）	岛根·鸟取两县知事表示中海·宍道湖淡水化计划延期，实际是要冻结(5)
1988.4	大阪湾海洋牧场学习会（1988 年 4 月 27 日） 《平稳净化水域的创造及其应用（之一）》上田伸三（摄南大学工程系），赤井一昭（大阪府港湾局），土木学会关西支部昭和 63 年度年度学术演讲会（昭和 63 年 4 月 29 日）	
1988.6	《平稳净化水域的创造及其应用》上田伸三（摄南大学工程系），和田安彦（关西大学工程系），赤井一昭（大阪府港湾局），菅原武之（株）修成建设顾问）88 年日本沿海区会议研究讨论会讲演概要集 No.1（1988 年 6 月）	
1988.8	第 3 次中国海洋开发现场视察团（1988 年 8/15 ~ 8/26 日）中国杭州湾 在金山石油联合企业的填海造地区进行了"海洋之空"实验	
1988.9	振兴泉南（府政推进）《净化污染的海洋"海洋之空净化系统"》（1988 年 9 月 15 日）	

时间（年·月）	相关事件	备注
1988.10	月刊杂志《开发》第 3 次中国海洋开发调查团的成果《利用海洋之空净化污浊水域——杭州湾（金山）的净化》日中联合验证 大阪府港湾局深日港湾事务所所长赤井一昭（昭和 63 年 10 月号）	
1988.11	INTERNATIONAL SYMPOSIUM 『WATER PURIFICATION SYSTEM WITH PERMEABLE RUBBLE – MOUND BREAKWATER』Kazuaki Akai（Osaka Prefecture Osaka. Japan），Y. Wada（Kansai University），S. Ueda（Setsunan University）TECHNO – OCEAN ' 88 KOBE,JAPAN（1988. Nov. ） 论文《利用人工接触环礁（海洋之空）创造平稳净化水域及其应用》赤井一昭（大阪府港湾局），上田伸三（摄南大学工程系），和田安彦（关西大学工程系），津田良平（近畿大学农学系）菅原武之（水域净化系统项目组）土木学会海洋开发论文集 Vol 4（1988）	
1989.3	报告书 土木学会关西支部联合研究组《关于平稳净化水域的创造及其应用的研究》（人工接触环礁"海洋之空"）土木学会关西支部联合研究小组 代表人 上田伸三（1989 年 3 月）	
1989.4	获得美国专利《PURIFYING SYSTEM OF WATER AREA（水域的净化系统）》Patent Number 4,824,284（Apr. 25. 1989） 《人工环礁（海洋之空）的水温特性与生存鱼类》藤田种美（海洋牧场学习会），赤井一昭（大阪府港湾局），林逸夫（大阪府水产实验场），中井敏之（大阪府水产科）日本海洋学会 1989 年度春季大会讲演概要集（1989 年 4 月）	
1989.5	第 4 次中国海洋开发现场视察团（1989 年 5/2 ～ 5/8 日） 5 月 3 日在金山视察"海洋之空"实验场 5 月 4 日在上海科学技术院召开《关于"海洋之空"讨论会》 利用人工环礁（海洋之空）的水产协调型海洋结构物 高木伸雄,赤井一昭,上田伸三,和田安彦,89 年日本沿海区会议研究讨论会讲演概要集 No2 日本沿海区会议（1989 年 5 月）	

时间 （年·月）	相关事件	备 注
1989.7	《海洋之空的"动态功能"》——溯上水路的设想 赤井一昭（大阪府港湾局），上田伸三（摄南大学工程系），和田安彦（关西大学工程系），上岛英机（中国工业技术试验所），日本造船学会第9次海洋工学研讨会（1989年7月12、13日）	
1989.8	《污浊水域的净化系统》赤井一昭（大阪府港湾局），上田伸三（摄南大学工程系），和田安彦（关西大学工程系），津田良平（近畿大学农学系），土木学会环境系统研究（第2次环境系统研讨会）（1989年8月24、25日）	
	第4次海洋开发访华团（1989年5/2～5/8日）（成立以华东师范大学陈吉余老师为代表的海洋开发环境保护研究会，筹集基金。）在上海科学技术院召开第1次日中联合关于"海洋之空"的研讨会，借此机会报告了利用"海洋之空"塑造溯上水路的设想	
1989.12	周刊杂志《周日钓鱼》CENTER 1989 在泉州海岸作为试验实例建造了"海洋之空"（观看实例者对"海洋之空"颇感兴趣）（1989年12月17日）	
	朝日新闻 谁在水的研发前沿·再问开发高潮《也论利用涨落潮的净化法》（1989年12月13日）	
	《有效利用海洋之空内设置的浮体结构物的研究报告书》社团法人快速无混凝土技术协会（1989）	
1990.1	朝日新闻（晚报）《挑战黄河的构想施工法·河口修筑袋状堤防冲刷淤沙疏浚航路》大阪府技术人员赤井先生等现场调查（1990年1月31日）	
1990.4	第6次中国海洋开发视察（1990年4/27～5/7） 上海、苏州、济南、东营（黄河河口）、青岛、上海。 （5/1）视察黄河河口 （5/4）第2次关于"海洋之空"的研讨会	
1990.5	论文《关于利用人工环礁（海洋之空）对封闭性污浊海域进行水质净化系统的尝试》赤井一昭（大阪府港湾局）洲镰清晃（大阪府企业局）上田伸三（摄南大学工程系）马野史朗（泉南市环境整备室）90′日本沿海区会议研究讨论会讲演概要集 No. 3（1990年5月）	

时间 （年·月）	相关事件	备 注
1990.6	发表论文《论人工环礁（海洋之空）的功能》赤井一昭（大阪府土木技术事务所），上田伸三（摄南大学工程系），和田安彦（关西大学工程系），上岛英机（中国工业技术考试所），土木学会海洋开发论文集（第15次海洋开发讨论会）（1990年6月21、22日）	
1990.7	《 PRESERVATION AND DEVELOPMENT OF SEA AREASCON-TAINING SAND AND MUD》Kazuaki Akai（Osaka Bref. Port and Harbour Bureau），Chn Ji Yu（East China Normal University），Chu Zhe Sheng（Tongji University），Kenji Hotta（Nihon University，College of Science and Techniclgy）PACON ' 90 Proceedings of the FOURTH PACIFIC CONGRESS ON MARINE SCIENCE AND TECHNOLOGY VOLUMUE Ⅱ（July16 – 20，1990）	
1990.8	THE WATER QUALITY PURIFICATION SYSTEM FOR THE EN-CLOSED SEA AREA（关于封闭性水域的水质净化系统"海洋之空"）赤井一昭（大阪府港湾局），上田伸三（摄南大学工程系），和田安彦（关西大学工程系），津田良平（近畿大学农学系）世界封闭性海域环境保护会议 （ International Conference on the Environmental Management of Enclosed Coastal Seas? 90 Kobe，JAPAN（August 3 – 9，1990）	
1990.11	《关于利用"海洋之空"塑造溯上水路和净化沙泥的研究（Sedimentation and Purification of Water Quality by Tide in the Water Course with Marine Basins）》赤井一昭（大阪府土木技术事务所），上田伸三（摄南大学工程系），泽井健二（京都大学防灾研究所） TECHNO – OCEAN ' 90 INTERNATIONAL SYMPOSIUM PROCEEDINGS INTERNATONAL CONFERENCE CENTER KOBE，JAPAN（14 – 17 NOV. ）	
	朝日新闻"海是谁的" – 4 –《巧用护岸 钓鱼公园》（平成2年11月14日）	

时间 (年·月)	相关事件	备 注
1990.11	第2次日本中国青少年交流使节团 跟随运输政务次官二阶俊博,就"海洋之空"问题,向交通部副部长林祖乙先生进行了说明。(1990年11月)	
1991.1	朝日新闻《在大阪湾水质净化中产生新技术·效果的堆石防波堤·(潮汐水流变身为过滤器)在泉南付诸实用的"海洋之空"》(1991年1月15日)	
	发表论文《在海洋之空(人工接触环礁)内设置的浮体结构物的下水道污水处理场》赤井一昭(大阪府港湾局),上田伸三(摄南大学工部),和田安彦(关西大学工程系),日本造船学会第10次海洋工学研讨会(1991年1月30、31日)	
1991.2	提出利用"海洋之空"建立临空海洋城市的设想(1991年2月6日)	
1991.3	书籍报告书《关于平稳净化水域的创造及其应用的研究(人工接触环礁)"海洋之空"》土木学会关西支部联合研究小组 代表人 上田伸三(平成3年3月)	
1991.4	读卖新闻(晚报)《在扬子江河口利用"节能开发"——潮汐力和石堤塑造大型水路和填造土地》日中学术小组(1991年4月25日)	
	第7次中国海洋开发现场视察团(1991年4/27~5/7日)在上海召开"第3次日中联合关于'海洋之空'的研讨会"	
1991.5	读卖新闻(国际·综合)《"上海第2机场"候选长江造地"海洋之空"计划》(1991年5月27日)	
1991.6	《关于人工环礁(海洋之空)的功能》赤井一昭(大阪府土木技术事务所),上田伸三(摄南大学工程系),和田安彦(关西大学工程系),上岛英机(中国工业研究所)土木学会·海洋开发论文集(第15次海洋开发讨论会)(1990年6月)	
	关西华侨报《扬子江上的大人工岛——用堆石建筑和潮汐力量造成》(1991年6月25日)	

时间 (年·月)	相关事件	备注
1991.7	月刊《用水与排水》《充分利用生态技术的新的污泥·废弃物处理系统》桥本奖（大阪大学名誉教授）岩堀惠佑（大阪大学工程系环境工程专业）7 月号 Vol 33 No. 7(1991 年 7 月)	
1991.9	朝日新闻(晚报)《"5 年河变清"指日可待 机场用地造成·堆石堤→河流泥沙沉淀→自然填埋·日本方在上海建议》(1991 年 9 月 7 日)	
	朝日新闻(晚报)《提议上海的水质净化堆石堤》(1991 年 9 月 25 日)	
	著书 日中联合海洋开发研究《海洋之空》 日中海洋开发项目推进协会(1991 年 9 月)	
	邀请第 3 次日中海洋开发赴日团 (1991 年 9/30 ~ 10/?) 大阪府,京都大学防灾研究所,大阪市立大学,鸣门大桥,德岛大学,关西国际机场,大阪府水产试验场。在东京·大阪举行《日中联合海洋开发研究"海洋之空"》出版纪念讲演（讨论利用"海洋之空"进行上海市排水处理、建设上海第 2 国际机场、长江河口大桥、海洋牧场等）	
1991.10	月刊《开发》《参加中国海洋开发视察团及关于海洋之空的研讨会（关于沿岸封闭水域"海洋之空"多目的利用日中共同研究的介绍）》,京都大学防灾研究所副教授 泽井健二(1991 年 10 月号)	
1991.12	月刊杂志 FIELD AND STREAM NEWS FROM THE FIELD NATIONAL AFFAIRS "WATER" "堆积石头,净化切诺基海"(1991 年 12 月号)	
1992.1	讲演论文《利用"海洋之空"保护和开发长江口》赤井一昭(大阪府土木部、上海海岸带资源开发研究中心),上田伸三(摄南大学工程系),井上治(摄南大学工程系),陈吉余(华东师范大学、上海海岸带资源开发研究中心),土木学会//水的前沿开发研讨会讲演论文集/寻求新的水边空间(1992 年 1 月 23、24 日)	

时间 (年·月)	相关事件	备 注
1992.3	专利公报(平4－20043)《水域的净化系统》(1992年3月31日) 研究论文科学技术大奖《通过海水驯养消化污泥,构筑海域直接净化系统》井上晶子(大阪大学工程系环境工程专业),The INTER研究论文集'92地球环境特集号(1992年3月10日发行)	
1992.4	第8次中国海洋开发现场视察团(1991年4/23～5/4日)北京,南京,无锡,上海 召开第4次"关于'海洋之空'的日中联合研讨会"(上海)	
1992.6	"UTSURO BASED FLOATING POWER PLANT" Aazuaki Akai (UTSRO Research Group, Osaka, Japan) 92PACON(1992.6.1－5) 论文《利用附着生物净化海水的研究》赤井一昭(大阪府土木技术事务所),上田伸三(摄南大学工程系),马家海(上海水产大学),马野史朗(泉南市),船野久雄(大阪府樽井渔业协会),土木学会海洋开发论文集(1992年6月)	
1992.7	论文《关于在海洋之空内设置浮体结构能源基地的研究》赤井一昭(大阪府土木技术事务所),齐藤公男(大阪大学工程系),泽田守(株式会社日本港湾顾问),田中藤八郎((株)扶桑办公室服务),大冢耕司(大阪府立大学工程系),日本造船学会第11次海洋工学研讨会(1992年7月23、24日) 在大阪湾的泉南市樽井现场,通过"海洋之空"的堤体开挖进行联合调查(1992年7月30日)	
1992.9	报告书《通过"海洋之空"的堤体开挖进行生态调查》上田伸三(大阪工大短期大学),大同康和(摄南大学),中野佳弘(摄南大学)(1992年9月)	
1992.11	朝日新闻《"堆石防波堤消除污泥"中国学者关注"扬子江净化"》临空城(1992年11月3日) 召开《利用"海洋之空"净化排水的日中联合国际研讨会》,主办 "海洋之空"研究小组(1992年11月4日) 邀请第4次日中海洋开发赴日团(1992年11/27～12/5)	

时间 (年·月)	相关事件	备注
1992.11	大阪会场"日中邦交正常化 20 周年纪念"《长江与黄河的现有问题及解决策略》日中联合研讨会召开 主办 日中海洋开发项目促进协会·社团法人日中协会(1992 年 11 月 27 日)	
1992.12	东京会场"日中邦交正常化 20 周年纪念"《长江与黄河的现有问题及解决策略》日中联合研讨会召开 主办 日中海洋开发项目促进协会·社团法人日中协会(1992 年 12 月 1 日)	
1993.2	朝日新闻《记者日记》《为大开发注入的大额度资金,欲更"节能",要培育"亲近自然的技术"》通讯部 团藤保晴(1993 年 2 月 10 日)	
1993.5	土木学会关西支部研究会《关于利用人工环礁(海洋之空)净化淤泥的联合研究》(1993 年 5 月 15 日) 《关于利用生物膜净化油污的研究》赤井一昭(大阪府土木技术事务所),上田伸三(大阪工业大学),93 年日本沿海区会议研究讨论会讲演概要集 No. 6(1993 年 5 月)	
1993.6	PRESERVATION AND DEVELOPMENT OF SEA AREAS CONTAINING SAND AND MUD (Land Reclamation Using an Ocean Hollow) Kazuaki Akai,Osamu Inoue,Kenji Hotta,Chen Ji Yu and Song Liansheng 1993PACON CHINA SYMPOSIUM(1993. 6. 14 – 18) A STUDY ON THE ENVIRONMENTAL CONDITIONS IN AN ARTIFICIAL ATOLL Kazuaki Akai (Office of Osaka Prefecture),Kimio SAITO (Osaka University),Mamoru SAWADA (Japan Port Consultants),Koji OTSUKA (University of Osaka Prefecture),Tohachiro TANAKA (Fuso ONffice Service) Osaka Japan 1993PACON CHINA SYMPOSIUM(1993. 6. 14 – 18) A STUDY ON ESTUARY SEDIMENTATION CONTROL USING A TIDAL RESERVOIR Kazuaki Akai (Osaka Industrial Waste Treatment Founda tion) Kenji Sawai (Setsunan University),Jian Hua Shen (Pacific Consultants) Tama,Tokyo,Japan 1993PACON CHINA SYMPOSIUM(1993. 6. 14 – 18) Microorganisms attached on the Surface of Permeable Shore Protection Shoichi Mori and Tomoko Shimodoi (Mori Institute of Ecology) Osaka Japan 1993PACON CHINA SYMPOSIUM(1993. 6. 14 – 18)	

时间 (年·月)	相关事件	备 注
1993.6	Water Quality Improvement in Enclosed Coastal Seas By Using"UT-SURO" Kazuaki Akai, Kazuki Oda Shinzo Ueda, Shiro Umano and Hisao Funeno ENVIRONMENTAL MANAGEMENT OF EN-CLOSED COASTAL SEAS Abstracts of the second Baltimore, Maryland November 10 – 13,199 International Conference	
	A STUDY ON TIDAL PHENOMENON OF THE NAKAGAWA RIVER MASASI WAKI, MASAYUKI FUJISIRO, TADASHI KAWAMURA, SHOICHI TAKADA (Min. ofConstruction,) 1993PACON CHINA SYMPOSIUM(1993.6.14 – 18)	
1993.8	PURIFICATION OF ORGANICMUD BY THE "UTSURO"赤井一昭,坂本市太郎,大井初博,户田雅文,土木学会环境系统研究(第21次环境系统研究论文发表会)(1993年8月23、24日)	
1993.11	Water Quality Improvement in Enclosed Coastal Seas by Using"UT-SURO" Kazuaki Akai, Kazuki Oda, Shinzo Ueda, Shiro Umano and Hisao Funeno ENVIRONMENTAL MANAGEMENT OF ENCLOSED COASTAL SEAS Abstracts of the Second International Conference Baltimore,Maryland(November 10 – 13,1993)	
1993.12	专利证书 专利第1806954号《水域的净化系统》专利局局长(1993年12月10日)	
1994.1	题写《海洋之空》土木学会会长(事后认可)	
	《"海洋之空"中的海象及水质的实地调查》赤井一昭(大阪府产业废弃物处理国营公司),齐藤公男(大阪大学工程系),泽田守((株)日本港湾顾问),大冢耕司(大阪府立大学工程系),田中藤八郎(福井铁工(株)日本造船学会)第12次海洋工学研讨会(1994年1月24、25日)	
1994.4	《第2次关于利用"海洋之空"净化大阪湾及长江河口海域环境的日中联合国际研讨会》泉南市(1994年4月26日)	

续表

时间 (年·月)	相关事件	备 注
1994.4	邀请第5次赴日团(1994年4/25～5/5)《"日中友好"关于利用"海洋之空"净化水质及治理黄河和维持疏浚长江口航路技术的合作纪念》在东京、大阪召开第5次日中联合关于"海洋之空"的讨论会(1994年5月)	
1994.5	《关于利用"海洋之空"净化污泥的联合研究》土木学会联合研究小组代表人 赤井一昭 土木学会1994年关西支部年度学术演讲会(1994年5月15日)	
1994.8	《用于水质净化的产业材料纤维——利用"海洋之空"的水域净化系统》日本纤维机械学会(第12次)产业材料研究会公开讲座(挑战自然的产业材料纤维)(1994年8月24日)	
1994.10	The "UTSURO" 赤井一昭,陈吉余 THE INTERNATONAL SYMPOSIUM ON METROPOLITAN DEVELOPMENT AND ENVIRONMENT(OCT.26－28,1994)	
1994.11	《关于采用潮汐水库控制河口淤积的研究》泽井健二(摄南大学),赤井一昭(水域净化项目研究小组),日本科学家会议(日本科学家会议创立30周年纪念),第10次综合学术研究集会——考虑人和地球的未来(1994年11月11～13日)	
	《海洋之空》赤井一昭(水域净化项目),木原敏(原大阪工业大学),日本科学家会议(日本科学家会议创立30周年纪念),第10次综合学术研究集会——考虑人和地球的未来(1994年11月11～13日)	
1995.2	《阪神大震灾的恢复促进和利用"海洋之空"把大量震灾瓦砾用作材料净化大阪湾水质的设想》(利用"海洋之空"净化水质研究会)(1995年2月21日)	
1995.3	第11次中国海洋开发视察团(1995年3/21～3/31日) 北京、南京、上海(长江河口) 北京(国际会议,拜访水利部、交通部) 南京(参观长江河口模型实验) 上海(与航道局洽商,洽商芦潮开发事宜)	

时间 (年·月)	相关事件	备 注
1995.3	AN IDEA OF ESTUARY SEDLMENTATION CONTROL AND LAND RECLAMATION BY TIDAL DYNAMICS（"MARINE HOLLOW"）CONSIDERING ESTUARIES OF YANGTZE RIVER, YELLOW RIVER AND HAIIHE RIVER	
1995.3	Kazuaki Akai ,Kazuo Ashida,Kenji Sawai,Chen Jiyu,Chen Banliin, Xu Haigen, Wu Deyi, Wang Gang, Li Zegang, Feng Jingting ADVANCES IN HYDRO – SCIENCE AND – ENGINEERIING（March 1995）	
1995.4	《利用"海洋之空"净化河口的水质》赤井一昭（利用"海洋之空"净化水质研究会代表人）河口研究（1995 年 4 月）	
1995.5	周刊《周日钓鱼》《水质净化 地震瓦砾可用于"海洋之空"》"海洋之空"研究小组代表人 赤井一昭（1995 年 5 月 21 日发行）	
1995.8	阪神大震灾的恢复促进 提议《用地震瓦砾作水质净化滤材、利用"海洋之空"净化海水的系统》利用"海洋之空"净化海水研究会·神户地区产业论坛·濑户内海环境项目研究会（1995 年 8 月）	
1995.9	日刊 建设工业新闻《有效利用地震瓦砾作水质净化的接触过滤材料》为了促进地震恢复,向兵库县建议（1995 年 9 月 19 日）	
1995.11	奖状 发明奖《利用"海洋之空"的水域净化系统的开发》社团法人发明协会（1995 年 11 月 10 日） 论文《关于 UTURO 中 DO 的变化情况的研究》（The Behavior of DO in theOcean Hollow）赤井一昭,坂本市太郎,大井首次博,户田雅文,堀田健治 ECOSET'95 International Conference on Ecological System Enhancement Technology for Aquatic Environments. The Sixth International Conference on Aquatic Habitat Enhancement ECOSET '95 Conference Secretariat Japan International Marine Science and Technology Federation（1995）	

时间 (年·月)	相关事件	备 注
1996.1	邀请第 6 次赴日团(1996 年 1/31～2/9 日) 在大阪,东京,广岛市召开《第 6 次日中联合关于"海洋之空"的研讨会》(日中联合利用"海洋之空"进行海洋开发的经过和今后的方向) 主要访问单位(运输省港湾技术研究所,建设省土木技术研究所,那珂川河口,通产省中国工业技术研究所,关西国际机场及前岛的"海洋之空")	
1996.4	第 12 次海洋开发访华视察团(1996 年 4/19～4/28 日) (访问上海,南京,北京,天津) (4/19) 乘船赴上海 (4/22) 参观浦东·高桥港湾·上海第 2 国际机场 (4/23) 参观宝山钢铁厂·宝山的"海洋之空" (4/24) 召开第 12 次关于"海洋之空"的日中联合研讨会(上海) (4/26) 拜访北京水利部·交通部 (4/26) 召开第 12 次关于"海洋之空"的日中联合研讨会(北京) (4/27) 参观天津港	
1996.7	关西飞翔会会报《"海洋之空"·时隔多年看中国》竹内良夫《飞翔》No. 16(1996 年 7 月 1 日)	
1996.10	《用堆积石净化堤(海洋之空)净化海水的施工方法的开发》——净化堤的水质净化功能和混凝土废材用作砾石代替材料的适用性——宫冈修二(大林组技术研究所),石垣卫(同前)、辻博和(同前)、山本缘(同前)、小林真(大林组土木技术本部),赤井一昭"海洋之空"净化水质研究会) TECNO – OCEAN96(1996 年 Oct. 23 – 25	
1996.11	第 13 次海洋开发访华视察团(1997 年 11/9～11/18) (北京、天津、重庆、三峡、武汉、上海) (11/10) 拜访交通部、国际泥沙研究培训中心 (11/11) 参观天津港及海河河口,召开研究讨论会 (11/13～15) 从重庆沿长江下行,(参观三峡水库) (11/17) 参观浦东及上海第 2 国际机场,与上海小组交谈	

时间 （年·月）	相关事件	备 注
1996.12	日刊建设工业新闻《寻求新的水空间 47——向大阪湾环境创造挑战》（利用海洋之空净化水质）＜上＞赤井一昭（海洋之空研究组代表）＊利用自然的生态循环作用 ＊防灾防御技术开发也有关键（1996 年 12 月 24 日）	
1997.1	朝日新闻 大阪湾 6 000 岁的大体检《循环器官科》——净化药"石头"有效（1997 年 1 月 1 日）	
1997.4	奖状 科学技术厅长官奖《水域净化系统的开发》国务大臣科学技术长官 近冈理一郎（平成 9 年 4 月 17 日）	
1997.5	著书 科学技术厅长官奖获奖纪念志《利用海洋之空（人工环礁）净化水域系统的开发》（关于海洋之空（人工环礁）的功能及其利用的调查报告书）"海洋之空"研究小组（1997 年 5 月）	
1997.10	专利公报（第 26662516 号）《利用水域之空的浮体结构物》（1997 年 10 月 15 日）	
1998.8	Water Area Purification System Using Permeable Contact – oxidation Rubble – mound Breakwater Kazuaki Akai，Wang Gang ，Li Zegang，FengjinTing，Liu Yankai（International Symposium on Urban Water Resources in the 21stCentury） ISUWR'98（1998.8.25～27）	
1999.6	日本经济新闻（晚报）聚光灯"海洋之空"研究小组代表人赤井一昭先生《用自然能源净化海水·梦想建扬子江渔业牧场》（1999 年 6 月 18 日）	
1999.11	大阪湾海洋牧场学习会《关于关西机场二期工程中利用"海洋之空"创造海域环境及有效利用海域空间的问题》研究会（1999 年 11 月 18 日）泉南市	
2000.3	《土木文物和地球环境》本会发起人赤井一昭（海洋之空研究小组）（2000 年 3 月 1 日） ＊《利用海洋之空创造海域环境和开发海洋》	

时间 (年·月)	相关事件	备 注
2000.8	《利用"海洋之空"的潮流发生装置进行大河治理的设想》赤井一昭("海洋之空"研究小组),泽井健二(摄南大学工程系土木工程专业)河口研究(2000 年 8 月) 要求内阁总理大臣关注《关于科学技术人员的道德》(2000 年 8 月 14 日)	
2000.12	致土木学会会长《关于土木学会会员的道德》(把别人已经研究发现、发明,并命名、公布的相同技术,后研发者随意地更改一下名称,好像别的技术一样毫无顾忌地拿来炫耀,对这些冒牌学者、企业、官员的胡作非为,询问了土木学会的意见)(2000 年 12 月 4 日)	
2001.3	《湖沼水质环境的自然净化系统及其事例》赤井一昭(海洋之空研究小组),汪岗(中国国际沙泥研究中心)刘延恺(北京水利学会),冯金亭(黄河水利委员会),第 9 次世界湖沼会议(2001 年 11 月 11 ~ 16 日) Purification of Marine Water Environment in the Outside Waters by an Effect of the "Utsuro" Isamu Nakamura, Kazuaki Akai, Masanori Suzuki, Touhachirou Tanaka, EMECS 2001 – ABSTRACTS (Nov. 2001)	
2002.3	《利用海洋之空(人工滩涂)净化淀川河水的设想》NGO"海洋之空"研究小组(2002 年 3 月 30 日) 《利用海洋之空(人工滩涂)净化猪名川河水的设想》NGO"海洋之空"研究小组(2002 年 3 月 30 日)	
2002.8	优秀奖 "海洋之空"研究小组代表人赤井一昭先生 关于《纪之川的自然净化系统》的海报发表 濑户内海研究会会长 冈市友利(2002 年 8 月 30 日)	
2002.9	第 14 次日中友好海洋开发访华团(2002 年 9/15 ~ 9/24 日)上海、济南、北京(日中邦交恢复 30 周年纪念),于北京 1 万人同时访华,在人民大会堂参加了庆祝会。(2002 年 9 月 22 日) "利用海洋之空技术,进行大河的治理和航路的维持疏浚,聚集泥沙造地,净化水质,创造良好的水质环境"	

时间 （年·月）	相关事件	备 注
2003.5	在土木学会第89次例会上陈述《关于科学技术人员的道德》的意见，寻求妥善处理。（记入议事记录）（2003年5月30日）	因非典型性肺炎流行，日中的交流中断
2003.10	请求 致内阁总理大臣小泉纯一郎《关于利用日本的环境创造技术（利用海洋之空维持疏浚航路）支援伊拉克复兴的要求》（2003年10月7日）	
2005.2	专利证 专利第3644523号《利用"水域之空"造成的阳光透照通路改善水底和深层环境的方法》专利局长官（2005年2月10日）	因非典型性肺炎流行，日中的交流中断
	访华 在国际上公开《利用"海洋之空"的潮流发生装置治水和维持疏浚航路》，随之进行现场洽商，上海、天津（2005年2月23～28日）	
2005.4	专利公报 专利第3644523号《利用"水域之空"造成的阳光透照通路改善水底和深层环境的方法》专利局长官（生效日2005年4月27日）	
2005.7	建议 《日美在冲之鸟岛的浮体基地的设想》（利用"海洋之空"的浮体结构物）NGO"海洋之空"研究小组（2005年7月）	
2005.9	《利用封闭性水域造成阳光透照通路》赤井一昭（NGO"海洋之空"研究小组），船野久雄（樽井渔业工会），濑户内海研究讨论会 奈良（2005年9月8～9日）	
2005.10	和歌山大学讲演 讲演概要《海洋（水域）之空》NGO"海洋之空"研究小组代表人 赤井一昭（2005年10月19日）	
	防卫协会报《何为海洋之空》来自和歌山县的会员赤井先生的建议（2005年10月23日）	
2006.1	贺年片记载《关于科学技术人员的道德》NGO"海洋之空"研究小组 代表人赤井一昭（2006年元旦）	
2006.4	《利用"海洋之空"的潮流发生装置治水和维持疏浚航路》赤井一昭 NGO（"海洋之空"研究小组），沈建华（太平洋顾问（株））（2006年4月21日）	

时间 （年·月）	相关事件	备 注
2006.7	专利证 专利第 3823998 号《利用"水域之空"的潮流发生装置治河及发展水利系统》专利局长官（2006 年 7 月 7 日）	
2007.1	贺年片（就国际专利用于越前海蜇对策和"科学技术人员的道德"谈对宪法 32 条的见解）（2007 年元旦）	
2007.6	中国（太湖的水质调查）（2007 年 6 月 22～27 日） 在社团法人日本发明协会大会上报告《关于科学技术人员的道德》（2007 年 6 月 29 日）	
2007.7	关于"海洋之空"的研究会、*科学技术人员的道德、*越前海蜇对策等,日本关西（2007 年 7 月 6 日）	

"海洋之空"相关人员名录

关心"海洋之空"技术,为使之具体化而积极地进行研究、合作、参与或支持"海洋之空"的各界同仁。

凡注有 ＊ 符号者为干事

自 20 世纪 80 年代初期发现、发明"海洋之空"技术以来,已经走过了四分之一世纪的历程。该研究组最初是由"水域净化项目研究小组"、"日本净化块协会"、"海洋牧场研究会"、"纪淡海峡学习会"、"'海洋之空'土木学会关西支部联合研究组、'海洋之空'水质净化研究会"等单位,时而分头、时而联合进行研究并推进其具体化的。

同时,关于日中两国间的海洋开发,"日中海洋开发项目推进协会"、"上海海岸带资源开发研究中心"等,组织了 14 次访华调查团,在中国举行了 5 次,在日本举行了 6 次"日中联合'海洋之空'讨论会"。还在泉南市主办了 2 次"大阪湾·长江河口水质净化国际讨论会"。以下是参与、协助、支持这些研究的各界同事。

但是,违背科学技术人员道德者(对于别人已经研究、发现、发明、命名、公布了的同样的技术,后研发者随意变更一下名称,好像新的技术一样拿去炫耀)主谋及其参与支持者名录中予以删除。

敬告:凡是资料离散,参加者、合作者、支持者姓名不清楚而漏掉的,如果发现,烦您以传真(FAX)的方式与下列地址联系。

邮寄地址:"海洋之空"研究小组 FAX(073 - 477 - 1185)

"海洋之空"相关人员名录(不分先后)

姓　名	(工作单位)	姓　名	(工作单位)	姓　名	(工作单位)
ハーヴィ シャピロ		小川　明		戸田常一	
三宅広昭		斉藤輝夫		斉藤公男	
三木迪哉		有本勝彦		阿部和朗	
三浦昭爾		木原和之		竹谷嘉展	
三浦重義		木原　敏		糸冽長敬	
上田伸三		木村俊二郎		船本浩路	
中島一彦		本田淳裕		船田昭信	
中村俊昭		村上仁士	*	船野久雄	
中村和裕		村岡浩爾		芳我幸雄	
中村嘉信		松井三郎		菅原武之	
中村豊		松井志郎		藤井信吾	
中越哲男		松梨順三郎		藤井　博	
中井敏之		柴田次郎		藤田正憲	
二階俊博		森　鐘一		藤田種美	
井上　治		森英樹		藤野正隆	
今尾和正		椋本宏		谷　清雄	
今岡　務		楠田哲也		谷口　守	
今泉克英		水浦健		豊島兼人	
伊藤辰也		池田良穂		野田頭照美	
江田五月		池田靖男		金子文夫	
住吉幸彦		沈建華		鈴木正徳	
佐藤　寛		浜田琉司		長尾實三	
内田唯史		浮田正雄		長田凱夫	
芦田和男		澤田健二		関根雅彦	
調　強		澤田　守		青山勤	
加古正治		玉瀬富夫		青山恒雄	
加納敬		田中和夫		須賀如川	
古家幸代	*	田中敏夫		馬野史朗	
古屋利男	*	田中藤八郎		高倉伸五	
可児正俊		田原康司		高木幹雄	
向井道彦		畑中繁夫		高木伸雄	
和田安彦		知久　孝		高田利夫	

姓　名	(工作单位)	姓　名	(工作单位)		姓　名	(工作单位)
脇　雅史		麻田幹彦			高田昇一	
喜田大三		石井廣湖		*	入谷正伸	
土永　恒		石原莞爾			野尻　浩	
坂本市太郎		竹中勝信			福永純治	
坂田　勝		竹内良夫			白西紳一郎	
堀家健司		小林正典			細井由彦	
堀田健治		小田一紀			難波隼象	
大井初博		山野　啓			武藤徳一	
大塚耕司		川下好則			安月固成	
宇民　正		左近洋一			沓抜　猛	
宇野源太		市川卓司			大田英美	
安田　信		成子鵜敏			芳我幸雄	
宮岡修二		加藤重一			灰谷隅夫	
宮川俊彦		岡本健一				
井原　昇						
劉　炳義						

中国有关人员

姓　名	（工作单位）
陈吉余	华东师范大学
虞志英	华东师范大学
包四林	华东师范大学
乐嘉钻	河南大学教授
魏日征	交通部上海航道勘测设计研究院
李　青	交通部河口海岸科学研究中心
马家海	上海水产大学
盛根明	上海勘测设计研究院
杨啸芥	上海勘测设计研究院
徐建益	上海勘测设计研究院
卫　明	上海市水利局科研所
郑宝友	天津水运工程科学研究所
张华庆	天津水运工程科学研究所
孙达成	天津水运工程科学研究所
孙精石	天津水运工程科学研究所
程义吉	黄河水利委员会河口研究所
梁国亭	黄河水利委员会黄河水利科学研究院
冯金亭	黄河水利委员会黄河水利科学研究院
王开荣	黄河水利委员会黄河水利科学研究院
李泽刚	黄河水利委员会黄河水利科学研究院
汪　岗	国际泥沙研究培训中心
刘延恺	北京水利学会
匡尚富	中国水利科学研究院
冯学英	交通部天津水运工程科学研究所
蒋睢耀	交通部天津水运工程科学研究所
杨　辉	交通部天津水运工程科学研究所
吴明阳	交通部天津水运工程科学研究所
丁乃庆	天津市工务局
宋连生	天津市

日中合作"海洋之空"相关人员逝世者名单

姓　名	（工作单位）
中国方面	
曲则生	上海同济大学原教授
赵建承	上海市水利局原局长
袁中文	海洋资质调查局原主任工程师
日本方面	
向坊隆	日中协会原会长
深谷克海	日中土木交流协会原理事长
角井五平次	不动建设原副社长
角井礼子	角井五平次先生的太太
长崎作治	东海大学原教授
前岛武雄	栃木县原土木部长
北野嘉一	大阪府日中友好协会原理事
芳川耕作	日中育英会原会长
田中移	海洋产业研究会前常务理事
山村健	前田建设工业原土木营业部长
津田良平	近畿大学教授